1. 大提花面料实物图
2. 素色大提花面料实物图
3. 小提花配色模纹组织
4. 提花毛巾实物图

1	
2	4
3	

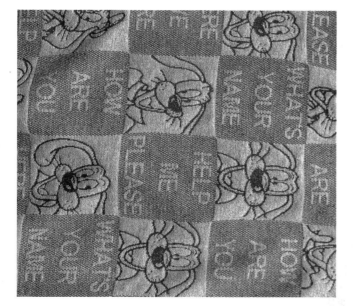

1. 大提花织物效果图
2. 小提花织物实物图
3. 多色纬重纬织物效果图
4. 素色变化纬重平织物
5. 织锦实物效果图

	1
2	4
3	5

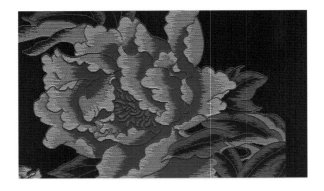

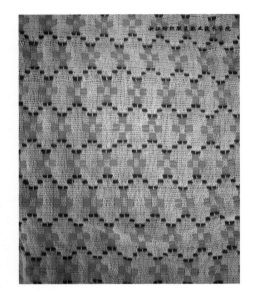

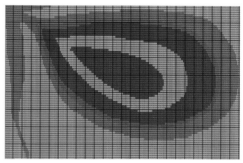

1. 泥地应用效果图
2. 意匠纸手工泥地
3. 意匠勾边效果图
4. 意匠间丝应用图
5. 影光效果图

1	3
2	4
	5

1. 纹样图1
2. 纹样图2
3. 纹样图3
4. 纹样图4
5. 纹样图5

	3
1	4
2	5

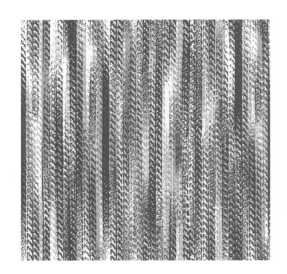

1. 纹样图5
2. 纹样图6
3. 纹样图7
4. 纹样图8

1	3
2	4

	2
1	3
	4

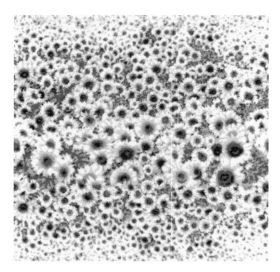

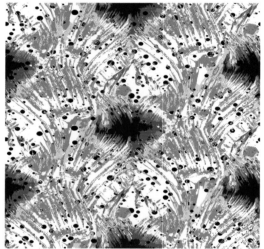

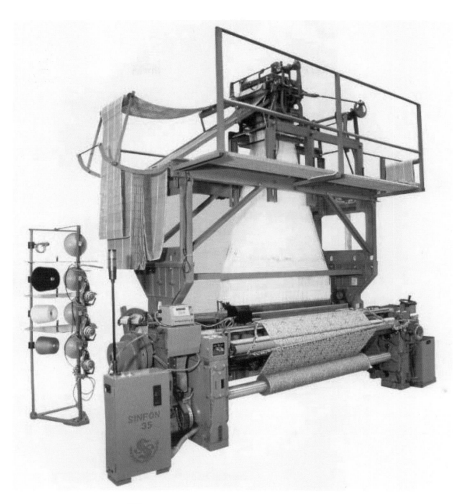

1. 机械式提花机
2. 电子提花机
3. 通丝目板示意图

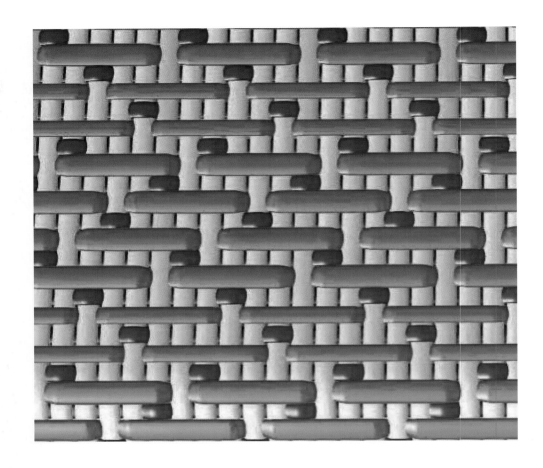

1. 纬二重组织效果图
2. 双层组织交织示意图
3. 经二重组织交织示意图

$$\frac{1}{2\ |\ 3}$$

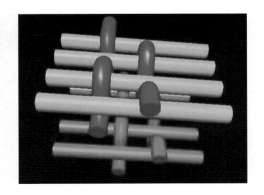

纺织服装高等教育"十四五"部委级规划教材

提花织物设计

TIHUA ZHIWU SHEJI

罗炳金 主编

东华大学出版社

·上海·

内容提要

本书基于工作过程的理念,系统阐述提花织物(简称纹织物)生产的基本原理、装造工艺设计、纹样设计、意匠设计、纹织CAD操作功能与应用,以及电子提花机在纹织物生产中的实际应用。同时,本书设置了生产实际应用模块,其以企业的纹织物设计项目为驱动,以及实际生产案例为导入,具体说明各类纹织物的规格、工艺、图案、意匠的设计和纹织CAD的应用。

本书体现新形态教材的特征:教材资源与课程有机结合,纸质教材与电子资源深度融合,支持移动学习、线上线下混合式教学。

本书主要作为高职高专院校纺织类专业教材,也可供纺织产品设计人员,特别是纹织物设计人员参考。

图书在版编目（CIP）数据

提花织物设计 / 罗炳金主编. 一上海: 东华大学
出版社, 2022. 2
ISBN 978-7-5669-1976-2

Ⅰ. ①提…　Ⅱ. ①罗…　Ⅲ. ①提花织物-设计
Ⅳ. ①TS106. 5

中国版本图书馆 CIP 数据核字（2021）第 274339 号

责任编辑　张　静
封面设计　魏依东

出　　　　版: 东华大学出版社（上海市延安西路 1882 号, 200051）
本 社 网 址: http://dhupress. dhu. edu. cn
天猫旗舰店: http://dhdx. tmall. com
营 销 中 心: 021-62193056　62373056　62379558
印　　　刷: 句容市排印厂
开　　　本: 787 mm×1092 mm　1/16　印张 9. 75
字　　　数: 243 千字
版　　　次: 2022 年 2 月第 1 版
印　　　次: 2024 年 8 月第 2 次印刷
书　　　号: ISBN 978-7-5669-1976-2
定　　　价: 49. 00 元

前言

QIANYAN

　　大提花织物又称纹织物，即使用提花机织造形成的具有大型花纹组织的机织物。纹织物具有很强的装饰性和实用性，广泛地应用在家纺和服饰产品中。

　　本书根据高职院校培养应用技术型人才的目标要求和教学特点，根据大提花织物的生产特征，将主要内容设置为三大模块，即装造工艺模块、纹样设计与意匠编辑模块、生产实际应用模块，系统地阐述纹织物生产的基本原理、装造工艺设计方法、纹样和意匠设计方法、纹织CAD操作功能及其应用，并介绍电子提花机在纹织物生产中的实际应用。其中，生产实际应用模块以纹织物设计项目为驱动，通过对典型范例的分析，详细介绍单层纹织物、重纬纹织物、重经纹织物和双层纹织物的纹样、组织结构、装造工艺、意匠和纹制处理特点及其设计过程，并且以企业的产品开发活动过程为导向，设置了产品设计和工艺制作的训练项目。

　　针对高职教学模式的特点和学生的就业需求，基于工作过程的理念，以职业活动为导向，本书的内容主要来源于企业的纹织物生产工作任务，理论知识与生产实际充分结合，有企业人员参与编写并提供生产工艺资料，编写形式简洁、明了，突出重点且图文并茂，同时在很多章节设置了两个小模块："阅读材料""实践活动"。"阅读材料"的知识提供给对纹织物设计比较感兴趣或者因就业岗位而具有相关需要的学生进行学习和参考；设置"实践活动"的目的是让学生在课堂学习之后再通过实践活动（如市场调研、企业参观、企业短期实习、校内实训）更好地掌握纹织工艺与纹织物设计的专业知识及应用。

　　本书还有一个特色，就是突出了纹织CAD在大提花纹织物设计中的应用。第四章的"意匠设计"专门介绍纹织CAD的功能和应用，并以企业普遍使用的浙大经纬公司的纹织CAD为例，详细说明纹织CAD主要功能的操作和使用（编写本书第四章第三节的部分内容时，引用了纹织CAD使用说明书的部分内容，以及由丁一芳和诸葛振荣老师编著、东华大学出版社出版的《纹织CAD应用实例及织物模拟》的部分内容）。第五～九章的"纹织物设计"利用浙大经纬公司的纹织CAD系统进行意匠编辑和纹制工艺处理，基本上不介绍传统手工绘制意匠图和纹板制作的方法。

　　本书体现新形态教材的特征：教材资源与课程有机结合，纸质教材与电子资源深度融合，支持移动学习、线上线下混合式教学。

　　本书主要作为高等院校纺织专业教材，建议课堂教学时间为70～80学时，并设置充分的时间让学生进行生产实践活动。本书也可供纺织产品设计人员参考。

编者

2021年7月

目　录

第一章　纹织物概述

> **任务:**通过对各种织物(实物)的区分,了解纹织物与小提花织物、印花织物的不同特点,认识纹织物的种类和应用,掌握纹织物的设计内容。
> **知识目标:**掌握纹织物的特点、应用、设计内容。
> **能力目标:**学会区分纹织物与普通织物。
> **素质目标:**了解纹织物的历史,提高学习的兴趣。

提花织物小样试制流程

提花织物实物示例

第一节　认识纹织物

一、纹织物的定义

纹织物是大提花织物的简称(图1-1),通常指由提花机进行织造的具有大型花纹的织物。纹织物的特点是花纹循环较大,一个花纹循环的经纱数较多,花纹复杂,织物图案玲珑细致,层次感丰富,图案色彩既可文静幽雅,也可绚丽多姿,是机织物中的瑰宝,其产品主要用于服装和装饰品,特别是家纺产品,如提花窗帘、提花沙发布、提花毛巾、提花床罩等。

图1-1　纹织物

图1-2　素色织物

二、纹织物与其他织物的区别

1. 纹织物与小提花织物

素色织物(图1-2)和小提花织物(图1-3)一般在踏盘织机或者多臂织机上生产,通过综框提升经纱而形成花纹图案。由于这两种织机所控制的综框数比较有限(一般为16~32页),所以小提花织物的组织循环或者花纹循环不是很大,花纹变化不多,整体较简单。纹织物一般在提花机上生产。提花机上没有综框(当然,需要时可增设综框),只有综丝。提花机上的龙头通过综丝可以控制上千根甚至上万根的综丝,从而可以控制一个经纱数多达几千根甚至几万根的花纹循环,因此由提花机生产的织物的花纹循环较大,花纹变化较多,整体较复杂。

图1-3 小提花织物　　　　　　　　　　图1-4 印花织物

2. 纹织物与印花织物

印花织物(图1-4)是利用染料或涂料,以印刷方法在织物表面形成花纹图案的织物。通过各种印花方式,织物表面的花纹图案可以产生各种形式的变化,限制性较少,而且可达到逼真、清晰和色泽鲜艳的效果,但花纹图案的立体感、层次感较差;而纹织物表面的花纹图案是通过经纱和纬纱以一定的排列形式(如色经色纬)和一定的组织结构相互交织而成的,由于提花机的工作能力和织物交织规律的限制,纹织物表面的花纹图案不能无限制地扩大和复杂化,其色彩变化也没有印花织物多,但花纹图案的立体感强,图案层次和纹理变化较多。随着提花机性能的提高,纹织物上也能形成装饰性强且花型复杂的图案。

三、纹织物类别介绍

按原料分类,纹织物可分为丝、棉、毛等织物类别。丝织物又分为桑蚕丝、绢丝、柞蚕丝、黏胶丝、合成纤维长丝、金银丝等纹织物或交织纹织物,产品有花软缎、织锦缎等。以棉纤维或棉型混纺纱为主要原料的纹织物用于床单、线毯、毛巾等。以毛纤维或毛型化学纤维为主的纹织物用于提花毛毯、提花腈纶毯等。

纹织物按组织结构分类,有简单纹织物、复杂纹织物。简单纹织物是由一个系统(组)的纬纱和一个系统(组)的经纱交织而形成的大提花织物。复杂纹织物是以复杂组织为基础组织而构成的纹织物,如经二重、纬二重等重组织结构或双层、三层等多层组织结构,还有毛巾、起绒、纱罗等纹织物。

纹织物按染整加工分类,有:白织纹织物、色织纹织物;漂白纹织物、染色纹织物、印花纹织物;拉绒纹织物、涂层纹织物和其他特种整理纹织物。

纹织物按用途可分为服装面料、日常生活用品和装饰用品纹织物。服装面料中的纹织物可用于衬衫、夹克衫、时装,如唐装的面料便是纹织物。现在,有越来越多的纹织物用于制作各式服装。纹织物还广泛地用于日常生活用品和装饰用品,特别是家纺产品,如被面、床单、床罩、毛毯、毛巾、靠垫、台布、台毯、壁毯、壁挂、像景、贴墙布,以及领带、商标、裱装用织物等(图1-5,图1-6)。

图1-5　床上用品

图1-6　提花地毯

阅 读 材 料 >>>

纹织物历史与发展

距今3 000余年前,我国就开始采用提升综框的方法织制绸缎。早在公元前220年,战国楚墓中的丝织品就有"填花燕纹""对龙对凤"等三色动物纹锦。《诗经》中出现的"锦上添花"这一成语中的"锦",就是一种基础组织为经二重组织的大提花织物。

距今2 100年前的马王堆一号墓中有绒圈锦织物,说明当时不仅使用桑蚕丝作为纺织原料,而且古代织机可控制的综框已从十几页到上百页。

为了提高绸缎的织造效率,古人采用束综的方法提升经纱,就是把升降运动相同的线综合在一起成为束综,为提升运动规律相同的经纱提供方便。到了西汉时期,河北陈宝光之妻将束综革新为120综、120蹑的原始提花织机。

三国时期,陕西马钧发明了两蹑合控一综的组合提花法,以后又改为"十二综,十二蹑"提花机。原始提花机的这些革新,既提高了绸缎的织造效率,又为织造复杂的大型花纹提供了方便。

到明清时期,纹织生产技艺已经相当精湛,南京的云锦、苏州的宋锦、四川的蜀锦早已闻名世界,成为官宦巨富的专用纺织品。

随着欧洲工业革命的兴起,法国 Jacquard 根据中国古代提花机设计出机械提花机,极大地提高了生产效率。在 21 世纪初,机电一体化和信息技术的发展进一步促进了电子提花机和 CAD 的应用,从而形成了纹织 CAM 技术。一张储存了全部纹板信息的磁卡,可直接控制纹针的升降,使得错综复杂的纹织系统大大简化,不仅省时省力,还扩大了可用纹针数,为纹织生产提供了良好条件。

现在,随着技术的发展和人们生活水平的提高,纹织物朝着多样化、个性化、系列化、配套化、功能化和高档化的方向发展,许多纹织物在完成织造后还需经喷涂、印染、绣花等工艺过程,以及阻燃、抗菌、防尘、防污、防水、隔声、隔热、保健等后整理处理,以改善织物外观,提高产品档次,增加附加值。

实践活动 >>> ···

市场小调研

以 4 人为一小组,到纺织面料市场进行一次小规模调研,每组要求收集四种不同类型的大提花织物各一块(每块织物的大小最好为一个花纹循环范围),了解并记录这些织物的价格和销售情况;然后通过相互的配合,分析这些织物的原料、经纬纱的线密度和经纬密度,写出调研报告。

第二节　纹织物设计内容

纹织物设计通常包括品种设计(包括组织结构设计)、纹样设计、意匠设计、装造设计、色彩设计、织造工艺设计及纹板轧制等内容。纹织物的种类不同,工艺设计的方法和内容也不相同。

1. 品种设计

根据织物的基本用途、功能需求、使用环境、消费情况等因素,确定生产品种的成品规格,包括成品的门幅、经纬纱密度、纱的原料和线密度等,进而确定该品种的组织结构,提出纹样形态、大小和排列要求。

2. 纹样设计和色彩设计

纹样设计是纹织物设计的灵魂,一般根据产品用途、原料特性、组织结构、经纬色彩组合、提花机装造和织造工艺等因素进行设计。进行色彩设计时,则按照纹样设计意图,结合市场需求、流行色趋势和产品的整体效果,确定经纬纱线的色彩和色纱的排列情况。图 1-7 所示为纹样。

3. 意匠设计

意匠设计是织制纹织物的一个重要环节,其目的是根据纹样绘制或编辑意匠图。意匠图体现了纹样和组织结构相结合的过程,是轧制纹板或形成纹板文件的依据。传统意匠图绘制是在选定的意匠纸上,将纹样放大、勾边,并填入相应的组织(或代表组织的色彩),比较费时。现在采用纹织 CAD 编辑意匠图,既方便又省时,极大地提高了纹织物的开发效率。图1-8 所示为意匠图。

图1-7　纹样

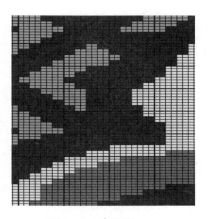

图1-8　意匠图

4. 装造设计

装造设计是将提花机的竖针运动和经纱运动联系起来的一系列工作和设计,是大提花织物生产过程的重要环节,包括纹针数量计算、通丝准备与计算、目板规划与计算、通丝穿目板、吊综丝、挂通丝、穿综、穿筘等工作。

5. 织造工艺设计

和其他织物一样,纹织物上机织造前必须先进行织造工艺设计,即确定上机规格、总经根数、经纬纱排列、织缩率、边经数、筘号、筘幅、织造工艺参数等内容。

6. 纹制工作

意匠图能清楚显示纹织物各部分的组织,但不能直接控制提花机的纹针运动,必须将意匠图上的信息转变为纹板信息。传统纹制工作是按意匠图上纵、横格的颜色符号或纹板轧孔法的说明,人工对纹板进行轧孔,非常耗时耗力。目前,在机械式提花机上,由电脑接受纹织 CAD 编制的纹板文件,从而控制轧花机自动轧制;在电子提花机上,则将 CAD 编制的纹板文件转化为电子纹板,可以输入软盘,以直接控制某台织机,也可以输入织机控制中心,通过网络控制车间里的任何一台提花机。

在纹织物设计过程中,上述六项内容之间的关系密切,设计中经常互为条件、相互影响。美术设计人员和工艺设计人员应充分掌握上述设计内容,并能进行分工协作,共同配合,使纹织物设计工作尽善尽美。

 ❯❯❯ ⋯⋯⋯⋯⋯⋯⋯⋯⋯⋯⋯⋯⋯⋯⋯⋯⋯⋯⋯⋯⋯⋯⋯⋯⋯

参观大提花织物织造企业

以班级为单位,集体参观大提花织物织造企业的产品设计室、技术工艺部门、装造车间、织造车间,并记录以下内容:

(1)企业的名称。

(2)企业生产的产品名称和规格。

(3)产品的工艺流程和工艺单。

(4)生产这些产品的织机类型。

(5)装造设计工作所涉及的内容。

最后根据记录的内容编写企业参观报告。

思考与练习:

1. 什么叫纹织物、简单纹织物和复杂纹织物?

2. 简述纹织物的设计内容。

3. 根据收集的资料简述装饰纹织物的发展趋势。

第二章　提花装造工艺

任务:对工厂的提花装造工艺进行设计并上机生产。
技能目标:会装造工艺计算,能够进行通丝穿目板操作。
能力目标:具备归纳、分析的逻辑思维和空间想象能力。
知识目标:了解提花机的机构和原理,熟悉装造的过程、内容与方法。

虚拟三维织机

纹织物的一个花纹循环中的经纱数可达数千根。这些经纱在提花机上受纹针的控制,按照意匠图设计的花纹图案,织出丰富多彩的纹织物。

装造是指提花机控制经纱运动所进行的一系列工作。装造设计是纹织物生产特有的内容之一,是纹织物织造过程中的重要工作之一,包括提花龙头的调整,综锤、综丝、通丝的准备,穿目板、挂通丝、吊综丝、穿综、穿箍等工作。由于纹织物的组织结构不同,花型不同,装造工作也有所不同。纹织物的装造设计在组织结构设计和纹样设计之后进行,是一项十分复杂细致的工作,必须弄清各构件的作用原理及相互之间的联系。产品设计时,应充分利用原有的装造或采用最佳的装造方案,以利于提高生产效率,减少浪费,提高产品质量。

在认识提花织物装造设计前,必须先了解提花机的机构、工作原理与规格。

第一节　认识提花机

一、机械式提花机(以单动式上开口提花机为例)

单动式上开口机械式提花机见图2-1。

1. 提花机的纹线结构

纹线结构是纹针带动经纱做单独运动并形成梭口的纵向结构系统。传统纹线结构包含横针、竖针、首线和首线钩、通丝和目板、小柱线和中柱线、综锤(图2-2)。

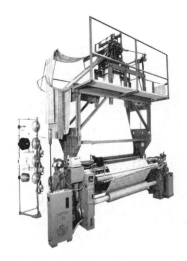

图 2-1 单动式上开口机械式提花机

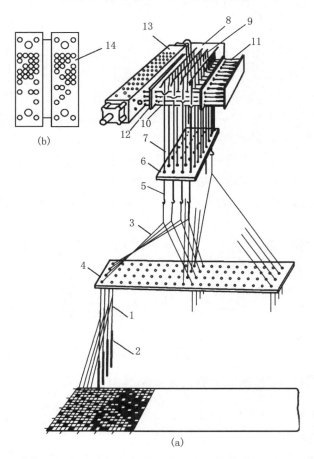

图 2-2 单花筒提花机的开口机构简图

1-综丝 2-综锤 3-通丝 4-目板 5-首线 6-底板 7-竖针 8-刀架
9-提刀 10-横针 11-弹簧 12-横针板 13-花筒 14-纹板

2. 纹线结构的关系

①提花机的开口机构配置一组竖针(直针或竖钩)和一个刀架,刀架 8 上装有若干把提刀 9(图 2-2)。刀架由主轴直接传动来提升竖针。主轴转一圈,刀架升降两次,形成一个梭口。

②经纱穿过综丝 1 的综眼,综丝下端吊着综锤 2,起回综的作用。通丝穿过目板 4 的孔眼与钩子相连接,钩子上端是首线 5,竖针通过首线和通丝相连接。

③当竖针钩端位于提刀之上时,刀架向上运动,提刀随之提起竖针。通过首线、钩子、通丝将综丝提起,穿入综眼的经纱因此被提升。

④刀架上升的同时底板 6 下降,没有被提升的竖针随之下降,所控制的经纱下降。提升的经纱形成梭口上层,下降的经纱形成梭口下层。

> **纹线结构的特点**
>
> 在一个花纹循环中,一般有以下一一对应关系:一根横针 → 一根竖针 → 一根首线 → 一根通丝 → 一根综丝 → 一根经纱。

3. 提花机的工作原理

①管理经纱提升次序的装置是花筒 13 和纹板 14。每一根竖针都配置一根横针 10,在横针的弹簧和竖针本身的双钢针结构的弹力作用下,横针总是推动竖针靠近提刀,使竖针钩端置于提刀之上。横针左端伸出横针板 12,在横针板前有花筒 13。

②在生产时,花筒上套有纹板,同时每织一根纬纱,提刀做上下运动一次,花筒会带动纹板向右挤压横针。

a. 当纹板上对应横针处无孔时,纹板即把横针推向右方,同时推动对应的竖针右移,使该竖针的钩端离开提刀,所以提刀上升,而该竖针不上升,从而使该竖针所控制的经纱不提升;而且,对应的竖针和经纱随提花龙头的底板下降而下降,下降的经纱处在梭口的下层。

b. 若纹板上对应横针处有孔,在花筒移近横针板时,横针在弹簧的作用下进入纹板和花筒的孔眼中,而对应的竖针钩端还置于提刀之上,随提刀一起上升,受该竖针控制的经纱也上升,从而使该经纱处在梭口的上层。

③由提花龙头上的刀架带动提刀上升和下降一次,由多根上层经纱和下层经纱形成一次梭口,纳入一根纬纱。组织循环纬纱数有多少根,就需要多少块纹板。

> **机械式提花机的工作原理总结**
>
> (1)每根经纱的运动(升降)由纹板上的相应孔位有孔或无孔来决定:有孔,对应的经纱提升;无孔,对应的经纱下沉。
>
> (2)纹板上的孔根据织物花纹和组织来轧成:组织→纹板孔→经纱运动→组织。

二、电子提花机

随着机电一体化的发展,1983 年出现了电子提花机(图 2-3)。电子提花机都为复动式全开口提花机,没有外在纹板和花筒,与电脑意匠系统联合使用,仅用一张 EPROM 卡便可控制经纱的起落,是纹织 CAD 和 CAM 的良好结合。电子提花机适用于小批量、多花色品种的生产,更适合高档次纺织品的生产。

图 2-3　电子提花机

电子提花机的选针机构为许多个电磁阀,每一个电磁阀下有一副挂钩,挂钩下可挂通丝把,可将挂钩和相应的电磁阀合称为电子纹针。电子提花机的挂钩轻巧,运转快速平稳,可与任何高速织机配合。

电子提花机常用的有国外的英国博纳斯(Bonas) 电子提花机、法国史陶比尔(Staubli)电子提花机和德国格罗斯(Gross)电子提花机。

1. 博纳斯电子提花机电子纹针的工作原理(图 2-4)

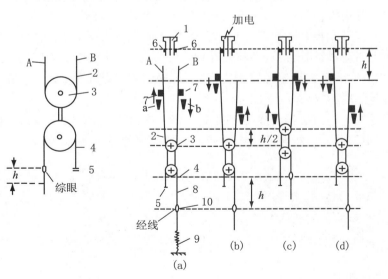

图 2-4　博纳斯电子提花工作原理(h 为经纱开口高度)

1-电磁阀　2-上皮带　3-动滑轮组　4-下皮带　5-固定点　6-挂钩

7-凸台　8-综丝　9-弹性回综　10-综眼　A,B-片钩　a,b-提刀

①受织机主轴带动的提刀 a 和 b 做上下往复运动。

②A 和 B 为弹性薄钢片制成的片钩,片钩 A 和 B 通过其凸头被提刀上顶而随之运动。它们的下端分别与穿过动滑轮组 3 的上皮带 2 相连,下皮带 4 穿过下滑轮,一端在固定点 5 处,另一端有挂钩,可挂通丝。

③左片钩 A 下降,右片钩 B 提升,综丝不动;左片钩 A 提升,右片钩 B 下降,综丝不动。

④左片钩 A 上升到最高点,电子阀加电。左片钩 A 被吸住或被钩住时,右片钩 B 提升,带动滑轮上升,综丝提升,从而形成梭口的上层,可得经组织点,反之亦然。

⑤只要电磁阀停电,任何一侧的片钩即随提刀下降,动滑轮也下降,与之相对应的综丝和经纱受回综弹簧的作用也随之下降,从而形成梭口的下层,得到纬组织点。

⑥电子阀的加电或不加电的信息来自于控制箱的意匠文件(或纹板文件)。

2. 史陶比尔电子纹针的工作原理

①如图 2−5 所示,史陶比尔的一枚电子纹针有一对固定钩 4 分别与运动钩 6 对应,固定钩的上端对着电磁阀 5,并连有弹簧 3。

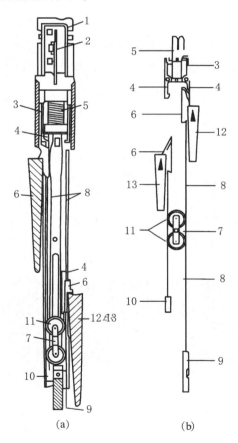

(a)   (b)

图 2−5 史陶比尔电子提花工作原理

1-外壳 2-电子板 3-弹簧 4-固定钩 5-电磁阀 6-运动钩

7-连接件 8-绳索 9-首线 10-固定点 11-滑轮 12,13-提刀

②提刀 12 和 13 由共轭凸轮控制,推动两侧的运动钩交替上升。

③如果电磁阀放电,电磁阀吸住固定钩的上端(克服了弹簧 3 的弹力),使下端的张开幅度扩大;活动钩上升到最高处时不能和固定钩相扣,以后随提刀下降而下降,这样动滑轮 11 不动。如果连续放电,另一侧的情况相同,挂钩将一直处于下方不动,所得为纬组织点。

④如果电磁阀不放电,弹簧 3 会把固定钩的上端推开,此时,当一侧的活动钩上升到最高处时,运动钩的头端进入固定钩的内侧后,固定钩的下端就钩住运动钩,这样当提刀下降时,对应的运动钩不下降;而当另一侧提刀带着运动钩上升时,滑轮随之上升,从而带动经纱提升,得经组织点。

⑤经纱的上升与下降是通过电磁阀是否通电来实现的,电子阀的加电或不加电的信息来自于控制箱的意匠文件(或纹板文件)。

> **两种电子提花机工作原理的总结**
>
> (1)博纳斯提花机的工作原理:电磁阀通电 → 电子纹针提升 → 得经组织点;
>
> 电磁阀不通电 → 电子纹针不提升 → 得纬组织点。
>
> (2)史陶比尔提花机的工作原理:电磁阀通电 → 电子纹针不提升 → 得纬组织点;
>
> 电磁阀不通电 → 电子纹针提升 → 得经组织点。
>
> 史陶比尔的通电结果刚好和博纳斯相反,但通过一个转向器,即可取得和博纳斯相同的效果。

三、提花机规格

设计纹织产品时,必须考虑提花机的规格。提花机规格表示提花机的工作能力,用口数或号数表示。提花机口数(号数)指提花机所具有的纹针(竖针或横针)数。例如机械式 1400 口提花机,有 1 480 根竖针(横针),一根竖针(横针)对应一个纹板的孔位,所以纹板有 1 480 个孔位(图 2-6)。机械式提花机有各种规格,表 2-1 所示为常用机械式提花机规格。电子提花机的工作能力强于机械式提花机,表 2-2 所示为常用电子式提花机规格。

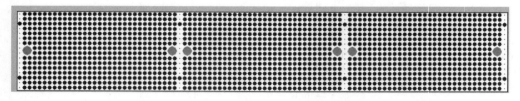

图 2-6 1400 口提花机的纹板样卡

1400 口机械提花机的一块纹板孔位分布如下:

分三段,共有 31+32+31=94 行,每行 16 列(零针行 6×2=12 行,每行只有 14 孔),总孔位=(94-12)×16+12×14=1 480 孔。

表2-1 常用机械式提花机规格

号数	花筒段数	纹针列数	实有纹针数	纹板形式	适用织物
100	1	4	96	单块	商标、边字、织带
900	3	12	992	单块	棉、毛巾类织物
1344	3	8	1 344	连续	棉、丝、毛织物
1400	3	16	1 480	单块	棉、丝、毛织物
2600	4	16	2 624	单块	棉、丝、毛织物
1344	3×2	8	2 688	双龙头	棉、丝、毛织物

表2-2 常用电子式提花机规格

公司	型号	列数	纹针数	适用范围
史陶比尔	CX160	6	72，96	商标、边字、织带
史陶比尔	LX60	8	640，896	商标、织带
史陶比尔	CX870/880	16	1 408，2 688	棉、丝、毛织物
史陶比尔	LX1600	16	1 536，2 048，3 072，6 144	棉、丝、毛织物
史陶比尔	LX1690	16	1 536，2 048，5 120，6 144	双层分割绒织物
史陶比尔	LX3200（3201）	32	6 144，8 192，12 288	宽幅、高经密、棉织物
博纳斯	DSJ IBJ2	14 28	1 344，2 688	棉、丝、毛织物
博纳斯	SSJ	16	6 272，6 144	棉、丝、毛织物
博纳斯	MJ3 MJ11	24 40	2 304 9 600，8 960	棉、丝、毛织物

实践活动 >>> ·······························

认识机械式提花机

以8人为一组,到大提花织物织造企业或实训工厂认识机械式提花机。

(1)了解机械式提花机的型号和规格,并记录。

(2)了解机械式提花机的花筒和纹板作用、运转方式、花筒和纹板的孔眼分布,并记录。

(3)了解机械式提花机上提刀的作用、运转方式。

(4)了解机械式提花机上横针、竖针的分布,以及横针、竖针、纹板孔眼三者之间的对应关系,并记录。

(5)了解机械式提花机的纹线结构(横针、竖针、首线和首线钩、通丝和目板、小柱线和中柱线、综锤)及其对应关系,并分析。

（6）分析提花机的纹线结构及其对应关系，掌握机械式提花机提升经纱的工作原理。

（7）根据以上内容，写出实验报告。

第二节　装造工艺1——提花机各构件编号

提花机上有很多的构件，要使众多的构件有规律且不紊乱，就必须有一个统一编号和排列顺序，使各构件与各根经纱建立对应关系，这样才能设计出最佳的装造方案，织造出理想的花纹图案。但是，因行业不同、地区不同，各生产厂采用的构件编号和排列顺序也不尽相同，因此必须清楚各构件之间的对应关系，即意匠图、纹板、竖针、横针、通丝、目板孔和经纱的排列顺序。

提花机各构件的编号依据为：组织（意匠图）→纹板孔（纹板文件）→纹针（横针、竖针、电子纹针）→通丝（目板孔）→经纱→组织（意匠图）。

一、机械式提花机各构件编号

1. 意匠图

意匠图是依据纹样（设计的花纹图案）在选定的意匠纸上绘制的组织示意图。该图能反映出所设计的产品的组织变化规律，是纹板轧孔的依据。

①意匠图纵格：相当于经纱，表示经纱或纹针的运动，纵格数与所用纹针数相同。一张意匠图的总纵格数＝一个花纹循环的经纱数（单造单把吊）＝纹针数。

②意匠图横格：相当于纬纱。一张意匠图的总横格数＝一个花纹循环的纬纱数（简单纹织物）＝纹板数。

传统意匠纸的纵格顺序为从右向左排列，横格顺序为从下向上排列（图2-7）。

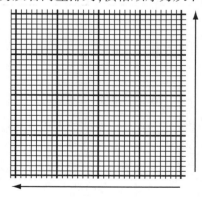

图2-7　意匠纸

③采用纹织CAD系统编辑意匠图时，纵格、横格次序要根据系统的设置而定，有的把意匠图的纵格、横格次序设定为从上到下、从左到右，即意匠图最左边是第一个纵格、最上边是第一个横格，其他依次类推（图2-8）。

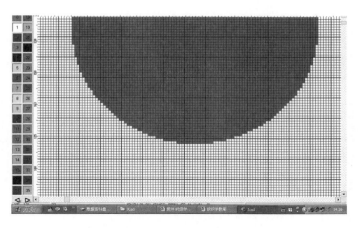

图 2-8　CAD 系统编辑的意匠图

2. 经纱顺序

织布机上的经纱排列顺序一般为从左向右,也就是织布机的最左边是第一根经纱,最右边是最后一根经纱;但也有从右向左排列(如生产毛巾等一些特殊织物时)的。经纱在织布机上的排列顺序究竟是从左向右还是从右向左,取决于纹针的次序,以及纹针、通丝和经纱三者的连接情况。

3. 纹板上纹针孔的次序

先确定纹板的正面和首端,有编号的一面为纹板的正面,有编号的一端为纹板的首端。

纹板纵行(纹板长度方向)的纹针孔称为"列",如 8 列、12 列、16 列纹板,"列"的排列顺序为从下向上;纹板横行(纹板宽度方向)的纹针孔称为"行","行"的排列顺序为从右向左(有的地区和上述称呼相反)。

图 2-9 是一块每行为 16 列的纹板样式,纹板首端第 1 行、第 1 列的孔位为第 1 纹针孔,第 1 行、第 2 列的孔位为第 2 纹针孔;第 2 行、第 1 列的孔位为第 17 纹针孔,其他依次类推。

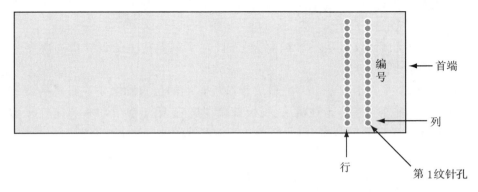

图 2-9　纹板样式

4. 横针次序

横针与纹板上的纹针孔相对应,受第 1 纹针孔控制的横针为第 1 横针,受第 2 纹针孔控制的横针为第 2 横针,其他依次类推。

在右手车提花机上,当纹板编号朝向机前,纹板从纹板小号织向大号时,则横针排列顺序为从上向下、从机前向机后(图2－10)。

在左手车提花机上,当纹板编号朝向机后,纹板从纹板小号织向大号时,则横针排列顺序为从上向下、从机后向机前(图2－11)。

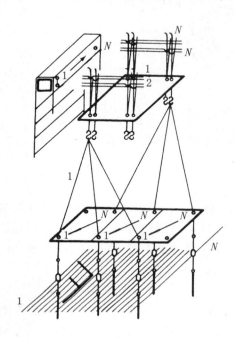

图2－10　右手车左花筒

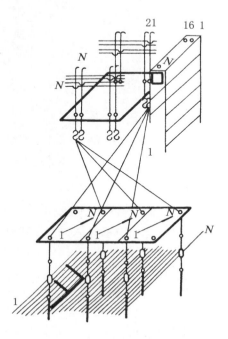

图2－11　左手车右花筒

5. 竖针次序

竖针与横针相对应,受第1横针作用的竖针为第1竖针,受第2横针作用的竖针为第2竖针,依次类推。

当纹板编号在机前,纹板从小号织向大号时,右手车提花机的竖针排列次序为从左向右、从机前向机后(图2－10)。

当纹板编号在机后,纹板从小号织向大号时,左手车提花机的竖针排列次序为从右向左、从机后向机前(图2－11)。

横(竖)针的排列方向可以有多种,取决于纹板首端的位置和第1纹针孔的位置。纹板首端在机后,第1横(竖)针肯定在机后;纹板首端在机前,第1横(竖)针肯定在机前。所以重要的是掌握第1纹针孔的位置,由此便可知第1横针的位置和第1竖针的位置。

6. 通丝次序

连接第1根经纱与第1根竖针的通丝为第1根通丝,并依次类推。竖针、通丝、经纱三者之间的关系为:第1根竖针 → 第1根通丝 → 第1根经纱。

7. 目板孔次序

目板上有很多孔,供穿通丝用,穿第1根通丝的目板孔为第1目板孔,穿第2根通丝的目板孔为第2目板孔,其他依次类推。

通丝穿入目板的方法有很多,应注意通丝的顺序和操作时通丝实际穿入目板孔的先后顺序(因为第 1 根通丝不一定先穿入目板孔)。

8. 纹板编排次序

每一块纹板可控制经纱形成 1 次梭口,投入 1 根纬纱。在简单织物中,意匠图上 1 个横格轧 1 块纹板,按第 1 横格轧出第 1 块纹板,按第 2 横格轧出第 2 块纹板……所以纹板编号与意匠图横格顺序相同。

已编号的纹板需编连在一起,方法有两种,即顺编和反编(倒编),如图 2 - 12 所示。当纹板编号在下方,从小号开始编连,按从右向左的顺序编连,称为"顺编";当纹板编号在下方,从小号开始编连,按从左向右的顺序编连,称为"反编"(倒编)。

同一串纹板,由于编连方向不同,放在提花机的花筒上时,纹板首端的朝向就不一样,从而影响到第 1 纹针在织机机后或机前的位置。

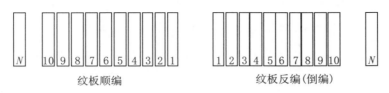

纹板顺编   纹板反编(倒编)

图 2 - 12   纹板编连

9. 机械式提花机各构件编号整体设计

在生产实践中,有些品种需要采用反织(把织物正面朝下进行织造),有些产品则因生产习惯,经纱按从右向左的顺序排列或要求左、右手提花机的纹板编号都在机前方位;有些生产厂的左、右手车采用相同方向的纹板编排顺序,以达到同一品种左、右手车纹板通用的目的;也有些生产厂的左、右手车采用不同方向的纹板编排顺序,等等。所以提花机各构件的编号和排列顺序有多种形式,但不论采用哪一种编号和排列顺序,必须使生产操作方便,通丝交叉少,织出的花纹图案方向正确(对于有方向性的花纹图案,织物正面的图案方向应与设计的纹样方向一致)。

对于织造有方向性图案的织物,在整个装造的设计过程中,要考虑以下三个方面:

①采用正织还是反织。

②纹板是顺织还是倒织。

③经纱在织机上的排列顺序是从左向右还是从右向左。

正织是指织物在织机上为正面朝上进行织造,反织是指织物在织机上为正面朝下进行织造。在机械式提花机上,经面织物一般采用反织,以降低提综次数。

顺织是指纹板作用横针的次序与意匠图的横格次序相一致,倒织是指纹板作用横针的次序与意匠图的横格次序相反。

纹板顺编或反编,其本身对织物的花纹图案方向不会产生影响,但会影响纹板首端的朝向。

站在提花机前,依据织造的品种和布面便可判定该产品是正织还是反织;看纹板首端编连的顺序号的方向和顺序,可判定是顺编还是反编、是顺织还是倒织;从而判断出第 1 纹针孔的位置、第 1 根横(竖)针的位置,以及第 1 根通丝、第 1 根综丝和第 1 根经纱的位置,判断出提花机的构件的编号顺序及织物的方向。

（1）正织一定时

当织物顺织且意匠图的纵格次序与经纱次序相反时,织物图案与意匠图的左右方向相反;当织物倒织且意匠图的纵格次序与经纱次序相反时,织物图案与意匠图的左右方向相同。

（2）反织一定时

当织物顺织且意匠图的纵格次序与经纱次序相反时,织物的正面图案与意匠图的左右方向相同;当织物倒织且意匠图的纵格次序与经纱次序相反时,织物的正面图案与意匠图的左右方向相反。

二、电子提花机各构件编号

电子提花机各构件的编号形式与机械式提花机有很多相同的地方。

1. 意匠图

在电子提花机上生产纹织物时,意匠图均采用纹织 CAD 系统进行编辑,意匠图的纵格、横格次序要根据纹织 CAD 系统的设置而定。一般情况下,意匠图的纵格、横格次序设定为从左到右、从上到下:意匠图最左边是第 1 个纵格,最上边是第 1 个横格。

2. 经纱顺序

一般情况下,电子提花机上的经纱按从左至右的顺序排列,织机上的第 1 根经纱位于一个花纹循环的最左侧(即目板的一个花区的最左侧)。

3. 电子纹针编号

电子提花机上没有纹板,机上的电子纹针根据来自于控制器的纹板文件的信号而做上下运动。电子纹针的排列顺序由电子提花机的控制器设定,通过修改程序可以改变电子纹针的编号。电子提花机的纹针排列顺序有以下几种:

①定左侧第 1 行的最后一个挂钩为第 1 针,从后向前,在同一行中沿纵向编号,然后逐行顺排,最后一针为最右侧一行的最前面一针。

②定左侧第 1 行的最前一针为第 1 针,从前向后依次编号并逐行排列,最后一针为右侧末行的最后一个挂钩。

4. 其他构件编号

连接第 1 根电子纹针的通丝为第 1 根通丝,穿第 1 根通丝的目板孔为第 1 目板孔,其余依次类推(图 2 - 13)。

电子提花机为全开口梭口,在一般情况下,织物都采用正织,由于没有外在的纹板,所以不需考虑纹板的编连方向和纹板作用于纹针的次序(无倒织与顺织之分)。

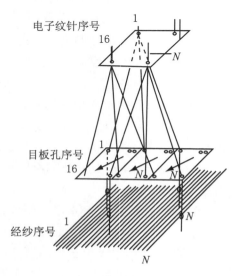

图 2 - 13 电子提花机构件排列顺序

实 践 活 动 ▷▷▷ ··

提花机各构件编号

以 2 人为一组,到大提花织物织造企业的车间:

(1)记录每台提花机生产的品种和织物花纹的特点(如花纹图案有没有方向性),根据机上的布面情况,确定织物是正织还是反织。

(2)如果是机械式提花机,判断该台机械式提花机上纹板的编连方向(顺编或反编)和纹板作用于横针的顺序(顺织或倒织),确定第一个纹针孔的位置(机前或机后);根据纹针孔的位置,确定横针、竖针的排列次序;根据竖针的排列次序和通丝穿目板的穿向,确定织机上经纱的排列次序(从左到右或从右到左);了解织物的意匠图,根据织物意匠图的纵横格排列次序和提花机上其他构件的排列次序,判断上述提花机各构件的编号设计是否合理。

(3)如果是电子提花机,判断该台电子提花机上电子纹针的排列次序,并向企业的有关技术人员请教电子纹针排列次序的设置方法。

(4)根据以上内容,写出实践活动报告。

第三节　装造工艺 2——纹针数的选用

纹针数的选用,是指织造某纹织物产品所需要的纹针数的计算和修正。纹织物品种不同,需要选用不同规格(不同纹针数)的提花机。选用提花机时,应结合纹织物品种的特点和发展,在充分利用提花机工作能力的基础上进行。在设计纹织物产品时,必须考虑现有提花机的工作能力和装造条件。

提花机的纹针数与纹织物的成品幅宽、成品经密、全幅花数、把吊数、装造类型及基础组织循环数有关。在生产过程中,所采用的装造类型不一样,纹织物所选用的纹针方式也不同,所以应先了解提花机的装造类型。

一、装造类型的认识

装造类型分为单造单把吊、单造多把吊、前后造(双造、大小造、多造)。关于装造的几个重要概念如下:

①花区:目板在横向划分的区域(图 2 - 14)。

②造:目板在纵向划分的区域(图 2 - 15)。

图 2 - 14　目板分两个花区　　　　　图 2 - 15　目板前后分造

③单造:目板在纵向不划分区域。

④把吊:在一个花纹循环中,一根竖针控制的经纱数的纹线结构。

⑤单把吊:在一个花纹循环中,一根竖针控制一根经纱的纹线结构。

二、普通装造——单造单把吊的纹针数选用

单造单把吊指提花机的目板纵向不划分区域,而且在一个花区中,一根纹针只控制一根经纱。单造单把吊装置如图 2-16 所示。

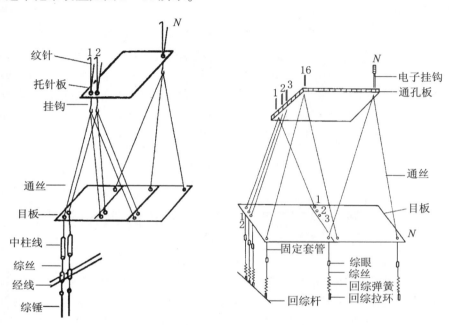

图 2-16 单造单把吊装置

所需的纹针数=织物一个花纹循环的经纱数=织物的花纹宽度×成品经密

$$=\frac{内经纱数}{花数}=意匠图的纵格数$$

例 1:织制某纹织物,全幅 2 花,内幅 200 cm,经纱密度 20 根/cm,采用单把吊,计算所需纹针数。

解:所需纹针数$=\frac{内经纱数}{花数}=内幅×\frac{经纱密度}{花数}=200×\frac{20}{2}=2\ 000(根)$

三、单造多把吊的纹针数选用

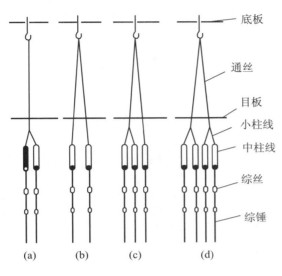

图2-17 多把吊装置

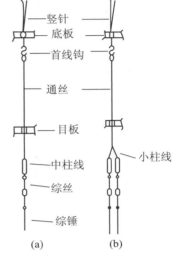

图2-18 单把吊与多把吊的比较

在机械式提花机上,为了解决织造复杂大花型时纹针数不足的问题,可以采用多把吊装置。多把吊装置是指提花机的一根纹针在一个花纹循环中控制两根或两根以上的经纱的装置,控制两根经纱称为双把吊,控制三根经纱称为三把吊,控制四根经纱称为四把吊。多把吊装置如图2-17所示。图2-18所示为单把吊与双把吊的比较。双把吊装置有"上吊法"和"下吊法"之分,见图2-17,其中(a)为双把吊"上吊法",(b)为双把吊"下吊法"。

多把吊主要适用于经密较大或花纹循环较大的织物,所选用的纹针数应是地组织循环数的倍数,以保证地组织织纹的连续性。

根据多把吊装置的特点,可以得到单造多把吊装造时纹针数的计算公式:

$$所需的纹针数 = \frac{织物一个花纹循环的经纱数}{把吊数} = \frac{花纹循环的宽度 \times 经密}{把吊数}$$

$$= \frac{内经纱数}{花数 \times 把吊数} = 意匠图的纵格数$$

例2:织制某纹织物,全幅2花,内幅200 cm,经纱密度20根/cm,采用双把吊,计算所需纹针数。

解:所需纹针数 $= \dfrac{内经纱数}{花数 \times 把吊数} = \dfrac{内幅 \times 经纱密度}{花数 \times 把吊数} = \dfrac{200 \times 20}{2 \times 2} = 1\ 000(根)$

注:通过上面两个例子,说明采用双把吊装置后,所需纹针数可减少一半。

四、分区装造(前后造)

分区装造(前后造)的类型有双造、大小造、多造三种。

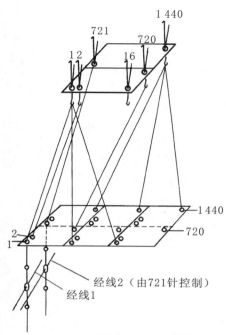

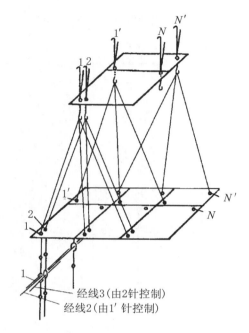

图 2-19　双造装置　　　　　　　　图 2-20　大小造装置

①双造:目板在纵向分为两个相等的区域(图 2-19)。

②大小造:目板在纵向分为两个不相等的区域(图 2-20)。

③多造:目板在纵向分为三个或三个以上相等的区域。

为什么要分前后造?当纹织物的经纱有两个或两个以上系统时,在机械式提花机上,为了操作和织造方便,需采用前后造。分区装造(前后造)的不同类型分别适用于不同织物的织造,其中:双造适用于表经:里经=1:1的双层或经二重纹织物的织造;大小造适用于表经:里经=2:1的双层或经二重纹织物的织造;三造适用于表经:中经:里经=1:1:1的三层或经三重纹织物的织造。

注:对于经纱有两个或两个以上系统(组)的纹织物,在机械式提花机上也可以采用单造进行织造;而在电子提花机上,一般不分造,但也可以采用分造。

分区装造(前后造)的纹针数计算公式分述如下:

1. 双造、三造

(1)先计算一造纹针数

$$一造纹针数 = \frac{织物一个花纹循环的经纱数}{造数} = \frac{内经纱数}{花数 \times 造数}$$

$$= \frac{花纹循环的宽度 \times 经密}{造数} = 意匠图纵格数$$

(2)总纹针数=造数×一造纹针数

2. 大小造

(1)分别计算大小造的纹针数

$$大造纹针数 = \frac{整个布幅大造所控制的经纱数}{花数 \times 把吊数}$$

$$小造纹针数 = \frac{整个布幅小造所控制的经纱数}{花数}$$

（2）计算总纹针数

$$总纹针数 = 大造纹针数 + 小造纹针数$$

计算好纹针数以后，要注意修正为组织循环数的倍数。

例3：某重经高花纹织物，成品内幅144 cm，全幅织8花，织物的花和地组织是由8枚经面与纬面缎纹构成的经二重组织，总经密80根/cm，在1400号提花机上生产（把吊数为1），分别求甲经：乙经=1:1及甲经：乙经=2:1时的纹针数。

解：在机械式提花机上，一般采用特种装造的前后分造（区）装造织制。

（1）当甲经：乙经=1:1时，应采用双造。

$$初算一造纹针数 = \frac{织物一个花纹循环的经纱数}{造数} = \frac{内经纱数}{花数 \times 造数} = \frac{144 \times 80}{8 \times 2} = 720（根）$$

修正一造纹针数为720根（720是组织循环数8的倍数），总纹针数确定为（720×2）根。

（2）当甲经：乙经=2:1时，应采用大小造。

$$大造纹针数 = \frac{整个布幅大造所控制的经纱数}{花数 \times 把吊数} = \frac{144 \times 800/10}{8 \times 1} \times \frac{2}{3} = 960（根）$$

修正后也为960根（960是组织循环数8的倍数）。

$$小造纹针数 = \frac{960}{2} = 480（根）$$

修正后也为480根（480是组织循环数8的倍数）。

$$总纹针数 = 960 + 480 = 1\ 440（根）$$

五、独花纹织物的纹针数选用

提花毛毯、毛巾、地毯、被面等纹织物往往整幅为一个花纹循环，要求所用的纹针数很大，在现有提花机工作能力有限的情况下，要合理地选用纹针数。

设花纹宽度为 W，织物经密为 P，织造时把吊数为 F，则所需纹针数 A：

$$A = W \times \frac{P}{F}$$

设提花机可用的纹针数为 B：

B=所用提花机的实有纹针数−辅助针孔数−纹板大孔周围不用的针孔数

讨论：

（1）B 大于 A 时，提花机能织织物上的任何花纹。

（2）B 小于 A 时，分以下三种情况：

① $B < \dfrac{A}{2}$（即 $A > 2B$）时，织物在现有的提花机上不能织造。

②$B=\dfrac{A}{2}$时,将织物花纹设计成左右全对称,织物在现有的提花机上能织造,但花纹的灵活性受到限制。

③$\dfrac{A}{2}<B<A$时,可以把织物的独花设计成两边对称、中间为自由花区的图案(图2-21)。

如上所述,要使提花机提供的纹针数得到充分利用,则有下列方程式:

$$\begin{cases} X+Y=B \\ X+2Y=A \end{cases} \Rightarrow \begin{cases} X=2B-A \\ Y=A-B \end{cases}$$

上式中,X和Y分别表示花纹图案的中心自由花区和两边对称纹样所用的纹针数。

由$X=2B-A=2B-W\times\dfrac{P}{F}$,可以讨论影响中心自由花区的纹针数和宽度的因素。对于两边对称、中间为自由花区图案的独花纹织物,中心自由花区的宽度不能太小,否则织物图案看起来很呆板。

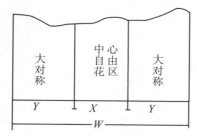

图2-21 两边对称的独花示意图

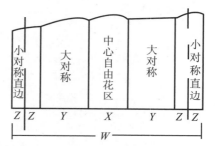

图2-22 有小对称直边的独花示意图

若想增大中心自由花区的宽度,可以在织物的两边增设小对称直边(图2-22),且有下列方程式:

$$\begin{cases} X+Y+Z=B \\ X+2Y+4Z=A \end{cases} \Rightarrow \begin{cases} X=2B-A+2Z \\ Y=A-B-3Z \end{cases}$$

上式中,Z表示所增加的小对称直边所用的纹针数。

例4:用1400口提花机生产独花床单织物,花区幅宽为162 cm,经密为66.7 根/cm,织物的花、地组织分别由8枚正、反缎纹构成,所用把吊数为4。试计算纹针数(辅助针和不用纹针为104针)。

解:1400号提花机实有纹针数为1 480(根)

可用纹针数$B=1\ 480-104=1\ 376$(根)

中心自由花区的纹针数$X=2B-A=2B-W\times\dfrac{P}{F}=2\times1376-162\times\dfrac{66.7}{4}=51$(根),修正为组织循环数8的倍数,为48根。

大对称花区的所用纹针数$Y=B-X=1\ 376-48=1\ 328$(根)

中心自由花区的宽度 $W_{中} = \dfrac{X \times F}{P} = \dfrac{48 \times 4}{66.7} = 2.9(\text{cm})$

计算后的中心自由花区宽度仅 2.9 cm,偏小。为扩大中心自由花区的宽度,可增加小对称直边,现取 $W_{小} = 8$ cm,则:

小对称直边的所需纹针数 $Z = W_{小} \times \dfrac{P}{F} = 8 \times \dfrac{66.7}{4} = 133(\text{根})$,修正为组织循环数 8 的倍数,为 136 根。

中心自由花区的纹针数 $X = 2B - A + 2Z = 51 + 2 \times 136 = 323(\text{根})$,修正为组织循环数 8 的倍数,为 328 根。

大对称花区的纹针数 $Y = B - X - Z = 1\,376 - 328 - 136 = 912(\text{根})$,恰好是 8 的倍数。

中心自由花区的宽度 $W_{中} = \dfrac{X \times F}{P} = \dfrac{328 \times 4}{66.7} = 19.7(\text{cm})$

由此可见,增加小对称直边后,中心自由花区的宽度增加了。

第四节 装造工艺 3——辅助针的选用和纹板样卡设计

一、辅助针的选用

在纹织物生产中,需要边组织,以及配备一些辅助装置。控制边纱和这些辅助装置的纹针,称为辅助针。辅助针主要有以下几种:

①边针:纹织物的边一般有内边和外边,外边也称小边或把门边。内边组织与纹织物地组织有关,把门边一般为平纹,由 2~4 根纹针控制;大边的纹针数与大边组织密切相关,针数为大边组织循环数的倍数。

②棒刀针:棒刀片数与目板列数相等。棒刀针的多少取决于棒刀组织循环数。棒刀负荷较大,为保证起综安全,一般用 2~3 根纹针控制一把棒刀。棒刀针在辅助针中的用量较多,常用的有 32 针、48 针、64 针、96 针等。

③梭箱针:是控制梭箱升降的纹针,一般而言,单侧多梭箱用 1~2 根纹针,双侧多梭箱用 2~4 根纹针。

④投梭针:主要用于采用任意投梭机构的纹织物。为保证运转正常,一般每侧各用 2 根纹针,以控制投梭机构。

⑤停撬针(停卷停送针):用于抛梭织物。特抛的纬纱间隔织入织物,在特抛花纹上形成纬二重结构,而在其他部分仍为单层结构。当特抛纬纱投入时,用纹针控制送经卷取机构,使其不产生送经和卷取运动(此纹针孔轧在特抛纬纱的纹板上)。

⑥换道针:重纬纹织物的某些纬纱在织入一定距离后需要换色,俗称为换道,用 1 根纹

针控制,在需要换色的前一纬纹板上轧孔。

⑦色纬指示针:纬四重以上的纹织物,为了在处理停台时容易识别纬丝的颜色,每种色纬需用 1 根纹针指示色别。

⑧起毛针、落毛针:毛巾织物在起毛圈之前及织平布之前各需要 3 根纹针,分别控制起毛圈和织平布。

⑨其他辅助针:指控制不常用的特殊机构的纹针,如像景织物中控制前综管理接结经的纹针。

二、纹板样卡设计

当织造某个纹织物品种时所需的纹针数和辅助针全部确定以后,根据提花机各构件编号的要求和整机装造的需要,还要在提花龙头上对这些纹针进行合理的安排,确定纹针和辅助针的位置。

1. 纹板样卡的定义

纹板样卡是用卡片做成的纹板样子。在纹板样卡上确定纹针和辅助针的位置,是整机装造和轧纹板的依据。在纹织 CAD 编制中,纹板样卡是 CAD 的一个子文件,指导纹板的制作。

2. 纹板样卡设计的含义

在纹板样卡上对全部的纹针、辅助针进行合理的安排,确定纹针、辅助针的位置。

3. 纹板样卡设计的原则与依据

①纹板样卡设计要方便生产,有利于操作,节约纹板。一个产品只有一张纹板样卡。纹板样卡一般不经常变化。

②纹板样卡设计要对纹板上所选用的纹针数进行均匀的安排。在传统的机械式提花机上,纹板上各段应用的纹针数要基本均匀,纹板大孔周围的纹针孔一般不用(零针行的纹针孔一般最多安排 12 针),边针一般安排在纹板的首端(在电子提花机上,边针一般安排在纹板的首尾两端),棒刀针均匀地安排在纹板的首尾两端,梭箱针、投梭针等辅助针可以安排在机后或机前的纹板零针行或其他方便的地方,见图 2-23。

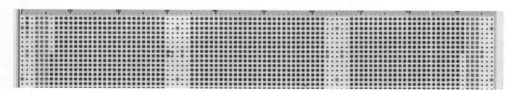

图 2-23　1400 号机械提花机的 1 200 针纹板样卡

③电子提花机的样卡设计时,根据电子提花龙头的类型和规格,采用纹织 CAD,形成纹板样卡文件;在纹板样卡文件上,连续且前后均匀地安排所需的主纹针,边针一般安排在纹板的首尾两端,其他辅助针根据需要安排在纹板的首端或末端;在样卡上用不同的颜色代表不同类型的针,见图 2-24。

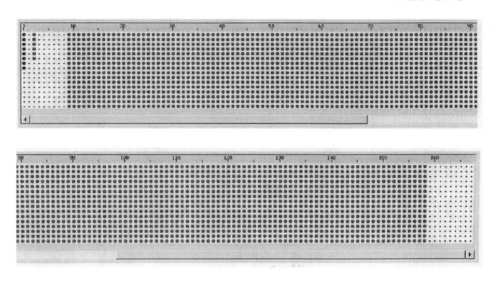

图 2-24　2688 针电子提花机的 2 400 针纹板样卡

第五节　装造工艺 4——通丝计算与通丝穿目板

通丝是连接纹针和经纱的构件,要求坚牢、耐磨,不聚集静电,在常规温湿度变化时不会变形。传统的通丝一般采用多股加捻的棉线或麻线,电子提花机上的通丝大多采用维纶、涤纶等高强度纤维和改性涤纶混合碳纤维制成。通丝原料要求具有摩擦系数低、抗磨能力强、无伸长和防静电等特性。在同一台提花机上,通丝的原料和捻向要一致。制作通丝把之前,首先应计算其根数和长度。

一、通丝数量计算

一台织机的通丝根数与内经纱数及把吊形式有关。

采用单把吊时,每一根纹针所挂的通丝数等于花数,一根纹针下的通丝挽成一把,称为通丝捻把,以便于操作。一根纹针挂一把通丝,所以:

$$通丝把数=纹针数$$
$$每把通丝数=花数$$
$$一台织机的通丝根数=通丝把数×每把通丝数=纹针数×花数$$

采用单造多把吊时,为了不使通丝负荷过大而发生断裂,一般每根通丝最多只吊 2 根综丝,如双把吊。当把吊数大于 2 时,需采用上下联合吊,如:四把吊时,用 2 根通丝吊 4 根综丝;三把吊时,用 2 根通丝吊 3 根综丝。通丝根数的计算方法如下:

（1）当把吊数为偶数时

$$每把通丝数=\frac{把吊数}{2}×花数$$

（2）当把吊数为奇数时

$$每把通丝数 = \frac{1}{2}(把吊数 + 1) \times 花数$$

注：若全幅花数不为若干个整花时：

整数花部分的通丝把数 = 纹针数 - 含零花部分的通丝把数

含零花部分的通丝把数 = 纹针数 × 零花占的比例数

对于整数花部分的通丝把数：每把通丝数 = 整花数

对于含零花部分的通丝把数：每把通丝数 = 整花数 + 1

一台织机的总通丝根数 = 整数花部分的通丝数 + 零花部分的通丝数

> 例 5：织造某织物，经密为 20 根/cm，内幅宽 120 cm，单造单把吊，全幅 2 花，计算通丝把数、每把通丝数、总通丝数。
>
> 解：所需的纹针数 $= \dfrac{内经纱数}{花数} = 内幅 \times \dfrac{经纱密度}{花数} = 120 \times \dfrac{20}{2} = 1\ 200($根$)$
>
> $$通丝把数 = 纹针数 = 1\ 200(把)$$
>
> 因采用单把吊，所以
>
> $$每把通丝数 = 花数 = 2(根)$$
>
> $$总通丝数 = 通丝把数 \times 花数 = 1\ 200 \times 2 = 2\ 400(根)$$
>
> 例 6：织造某织物，总经根数为 4 832 根，边纱 32 根，单造双把吊，全幅 2 花，计算通丝把数、每把通丝数、总通丝数。
>
> 解：所需的纹针数 $= \dfrac{内经纱数}{花数 \times 把吊数} = (总经根数 - 边纱数) \times \dfrac{1}{花数 \times 把吊数}$
>
> $$= (4\ 832 - 32) \times \frac{1}{4} = 1\ 200(根)$$
>
> $$通丝把数 = 所需的纹针数 = 1\ 200(把)$$
>
> 因采用双把吊，所以
>
> $$每把通丝数 = 花数 \times 把吊数 = 2 \times 2 = 4(根)(上吊法)$$
>
> 或者 $\qquad\qquad\quad$ 每把通丝数 = 花数 = 2(根)(下吊法)
>
> $$总通丝数 = 内经纱数 = 4\ 800(根)$$
>
> 例 7：某织物的一个花纹循环经纱数为 900 根，全幅织 5.6 花，采用单造单把吊，计算通丝把数、每把通丝数和总通丝数。
>
> 解：因为采用单造单把吊，则
>
> 所需的纹针数 = 一个花纹循环经纱数 = 900(根)
>
> 总的通丝把数 = 所需的纹针数 = 900(把)
>
> 零花部分的通丝把数 = 纹针数 × 零花占的比例 = 900 × 0.6 = 540(把)
>
> 整花部分的通丝把数 = 纹针数含零花部分的通丝把数 = 900 540 = 360(把)
>
> 对于整花部分的通丝把数，每把通丝数 = 整花数 = 5(根)
>
> 对于零花部分的通丝把数，每把通丝数 = 整花数 + 1 = 5 + 1 = 6(根)

一台织机的总通丝数＝整花部分的通丝把数×每把通丝数(整花)

　　　　　　　　　＋零花部分的通丝把数×每把通丝数(零花)

　　　　　　　＝一个花纹循环经纱数×花数＝360×5＋540×6

　　　　　　　＝900×5.6＝5 040(根)

二、通丝长度确定

提花机上的通丝长度是指纹针下的通丝到通丝穿入目板孔后垂直下来与柱线连接的长度。通丝长度与提花机的高度(指地面至提花机龙头的托针板或通孔板的距离)、织物的宽度,以及纹针与目板孔的相对位置有关。在同一台提花机上,由于纹针与目板孔的相对位置不同,通丝的长度有差异。在确定通丝长度时,以提花机上最长的一根为准。

所织的织物越宽,为了防止穿在目板两侧的通丝过于倾斜而造成通丝与目板的摩擦严重,提花机高度在理论上为越高越好(特别是对于高速的电子提花机),但提花机不能太高。其原因一方面是受到车间厂房的限制;另一方面是提花机太高会造成整台提花机的重心偏上,从而使通丝、综丝的抖动剧烈,并增加通丝的用量。在一台提花机上,一般掌握使最长的一根通丝与目板平面的夹角为60°～70°。同一车间内尽管有不同筘幅的织机,但一般应使提花机的高度一致,使车间内机器整齐。

根据工厂经验,筘幅为100 cm左右时,提花机高度为260～280 cm,通丝长度为230～250 cm;筘幅为160 cm左右时,提花机高度为280～310 cm,通丝长度为260～290 cm;筘幅为230 cm左右时,提花机高度为370～390 cm,通丝长度为380～410 cm。

三、传统目板计算与通丝穿目板

1. 目板介绍

目板的作用是保持通丝比较均匀且有一定的密度,控制通丝顺序和幅宽,防止综丝绞扭。目板需耐磨和防潮,所以应选用坚硬、耐磨且不易变形的薄板钻孔制成。常用的材料有樱桃木、胡桃木、压胶板或薄钢板。

目板上有许多小孔,称为"目孔",供穿通丝用。目孔一般呈梅花形排列,可增加目孔的排列密度(图2－25)。纵向排列的孔(与经纱平行的方向)称为"行",横向排列的孔称为"列"。

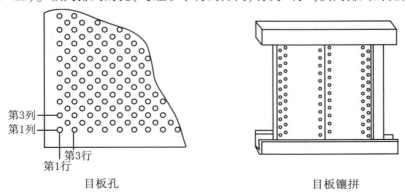

第3列　第1列　第3行　第1行

目板孔　　　　　　　　　　目板镶拼

图2－25　机械式提花机的目板

传统的丝织厂应用统一规格的目板,每10 cm 内有33.3 行目孔(计算时目板行密经常取3.2 行/cm),每行有55 列。整幅目板由小块目板镶拼而成,小块目板长度为30.7cm,厚度为0.5 cm。毛巾厂、棉毯厂、毛毯厂也采用另行制造的目板,都是依据本厂品种情况选定列数和行数。如毛巾厂一般选用6列或8列,筘号小于110 齿/10 cm 时,选用6列;筘号大于110 齿/10 cm 时,选用8列。

2. 目板的计算

通丝穿入目板之前,要先确定其穿入目板的范围,即穿入目板的宽度和目板的行列数。

(1)通丝穿入目板的宽度

通丝穿入目板的宽度,即目板穿幅比织物穿筘幅宽大1~2 cm。若用棒刀装置,在拼接目板时,应留出穿棒刀绳的木条位置,每条宽2~3 cm。

(2)确定目板的行列数

目板列数越少越好,可使开口清晰,所以确定目板行列数时,先确定列数,再计算行数。初算列数按下式进行:

$$目板初算列数 = \frac{钢筘每厘米经纱根数}{目板行密} = \frac{内经纱数}{钢筘内幅×目板行密}$$

目板的最终修正列数要大于或等于初算列数,取最小的值,并修正为每筘齿穿入数、把吊数、基础组织循环数、棒刀组织循环数及飞数的倍数,最好是所用纹针数的约数。

目板的行数计算如下:

$$目板所用总行数 = \frac{内经纱数}{选用列数}$$

$$每花实穿行数 = \frac{目板所用总行数}{花数}$$

$$目板所具有的总行数 = 总穿幅×行密$$

$$每花目板实有行数 = 每花幅宽×行密$$

$$每花内多余目板行数 = 每花目板实有行数 - 每花实穿行数$$

多余行数要在每花幅内均匀分布。

例8:用1400 口提花机织某纹织物,织物所用的钢筘内幅(内幅经纱穿入钢筘的宽度)为200 cm,钢筘的公制筘号为300 齿/10 cm,每筘齿2入,织物的花、地组织分别为8枚、4枚组织,全幅织5花。试计算目板。

解:目板穿幅 = 钢筘内幅 + 2 = 202(cm)

织物的内经纱数 = 钢筘内幅×公制筘号×每筘齿穿入数 = $200 × \frac{300}{10} × 2 = 12\ 000$(根)

所用纹针数 = 12 000/5 = 2 400(根)

传统标准目板的行密取3.2 行/cm,则:

$$目板初算列数 = \frac{内经纱数}{钢筘内幅×目板行密} = \frac{12\ 000}{200×3.2} = 18.75(列)$$

所用的实际列数应大于初算列数,并且应是每筘齿穿入数2及基础组织循环数4和8的倍数,最好是所用纹针数的约数,所以:

$$选定的目板所用列数 = 24(列)$$

$$目板所用总行数 = \frac{内经纱数}{选用列数} = \frac{12\,000}{24} = 500(行)$$

$$每花实穿行数 = \frac{目板所用总行数}{花数} = \frac{500}{5} = 100(行)$$

$$每花目板实有行数 = 每花幅宽 \times 行密 = \frac{200}{5} \times 3.2 = 128(行)$$

$$每花目板的余行 = 128 - 100 = 28(行)$$

这些余行应在目板的花区内均匀空出。

3. 通丝穿目板

各根通丝穿入目板上各个目孔的工作,简称通丝穿目板。通丝穿目板是装造工作的重要环节,依据纹织物不同的组织结构、装造类型、经纱密度和花纹形态,采用不同的穿法。因穿目板的方法不同,通丝穿入目板的顺序和分布形式不同;但不论采用哪一种穿法,都应以纹针和经纱次序为依据。

(1)通丝穿目板的穿向

传统穿目板时,把目板从机上取下,放在架子上。操作工人站(或坐)在目板前方,把通丝按顺序穿入目板。穿目板之前,把准备好的通丝套在竹竿(或木杆)上,置于目板左侧,操作时按顺序取拿。同一把中的几根通丝,同时穿入各花区的对应位置。由于品种需要或习惯不同,穿目板有多个穿的方向,最常用的两种穿向如下:

第一种穿向是纵向顺穿,即通丝从目板每个花区的右后起穿,按从后向前、从右向左的顺序,将通丝穿入目板孔,见图2-26(a);

第二种穿向是纵向倒穿,即通丝从目板每个花区的左前起穿,按从前向后、从左向右的顺序,将通丝穿入目板孔,见图2-26(b)。

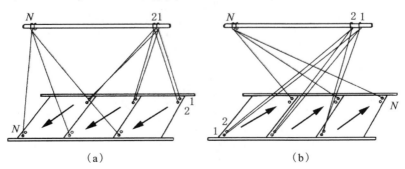

图2-26 目板的穿向

(2)通丝穿目板的基本穿法

①一顺穿:通丝根据目板孔顺序连续穿满一行后再换一行。这种穿法的优点是穿法简单,

通丝之间交错少;缺点是相邻两筘齿内的经纱的综眼位置连续在一起,织物经密大时,断经后穿筘操作不方便。因此,这种穿法只适用于经密较稀的织物或在双造及多造目板上应用。图2－27中,(a)为通丝穿目板—顺穿的立体示意图,(b)为通丝穿目板—顺穿的简化示意图。

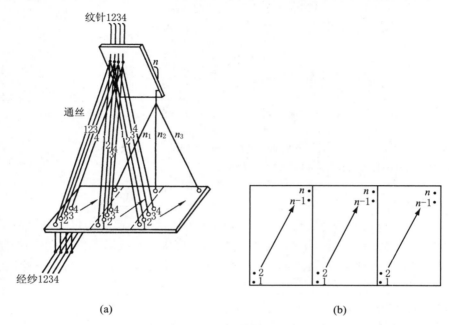

(a)   (b)

图2－27 目板—顺穿

②飞穿法:将目板在一造内分成两段或多段,按照每筘齿穿入数,将通丝轮流穿入目板各段,穿满一行后再穿一行(图2－28)。

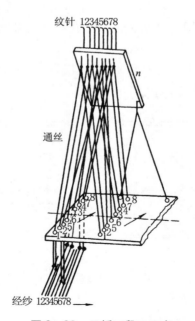

图2－28 目板二段二飞穿

如采用二段二飞穿时,目板在一造内分成两段,通丝在一段内连续穿2根后,跳至另一段再穿2根,依次后二、前二跳穿,使相邻两筘齿内的经纱分别位于前后段,因此综眼位置分离较远,织造时经纱断头后便于找头,穿综、过筘都不易出错。

目板的分段要依据经密大小,经密大时,选用的目板列数多,前后分段也多。通丝连续穿入目板的根数按每筘齿穿入数决定,如二段三飞穿(每筘齿穿3根经纱)、二段四飞穿(每筘齿穿4根经纱)、二段二飞穿(每筘齿穿2根经纱)。图2-29所示为二段四飞穿法,图2-30所示为四段二飞穿法。

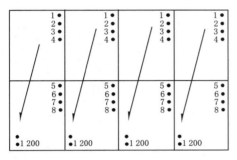

图2-29 二段四飞穿法

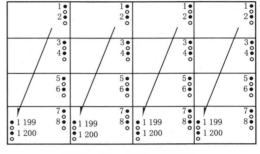

图2-30 四段二飞穿法

采用双把吊或多把吊的下吊法时,要注意保持一综一孔的密度,见图2-31。

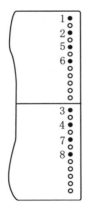
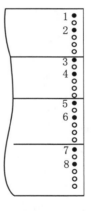

图2-31 双把吊下吊法时的通丝穿目板

飞穿法适用于经密大的纹织物,其优点是断经后便于找头,穿综、过筘清楚;缺点是通丝之间摩擦较大。图2-32所示为通丝穿目板一顺穿与二段一飞穿法的比较。

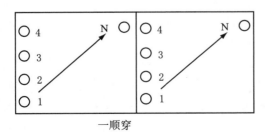
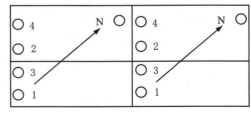

一顺穿 二段一飞穿

图2-32 目板一顺穿与飞穿法的比较

③分造穿法(分区穿法):在织制两个及以上经纱系统的复杂纹织物,如重经、双层或多层纹织物时,为了画意匠图、轧纹板方便并提高织物的生产质量,按照织物的经纱系统(组)数,将目板、纹针相应分为前后若干区,这种区域称为"造"。织物各系统的经纱的比例即为目板分造的比例,如织物有两个系统的经纱且甲经:乙经=1∶1,则目板分成前后相等的两个区,称为双造,见图2-33;如织物有三个系统的经纱且甲经:乙经:丙经=1∶1∶1,则目板分成前后相等的三个区域,称为三造,见图2-34;如织物有两个系统的经纱且甲、乙经纱比例不是1∶1,则目板分成前后两个不相等的区,即为大小造,见图2-20。

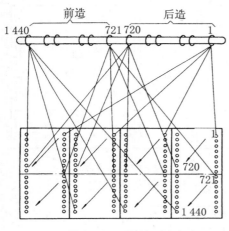

图2-33 通丝双造穿法

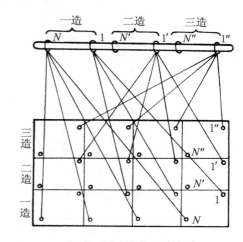

图2-34 通丝三造穿法

目板分造(区)后,一般是通丝穿完后造(区)后再穿前造(区),各造穿法可采用一顺穿法或飞穿法。

④对称穿法:当纹织物的花纹图案为左右对称时,为了简化意匠、减少纹针数,对称花纹的意匠图只需画出一半(可画右半花或左半花),由同一竖针下的两根通丝左右对称地穿入目板来完成对称花型的织造。

由于穿通丝的方向和起点不同,对称穿法有多种形式,如对角线穿法和山形穿法。图2-35中,(a)和(b)为对角线穿法,(c)和(d)为山形穿法。一般情况下,山形穿法适用于单把吊织机;对角线穿法既适用于多把吊,也适用于单把吊织机。

对角线穿法和山形穿法又有两种穿向:花边起穿和花心起穿。从目板两侧穿向目板中心部位的,称为花边起穿;从目板中心穿向目板两侧的,称为花心起穿。图2-35中,(a)和(d)为花边起穿,(b)和(c)为花心起穿。

在实际生产中,究竟采用"花边起穿"还是"花心起穿",取决于意匠图是左半花还是右半花,以及意匠图的纵格次序和通丝吊挂纹针的次序。例如:

假设意匠图是左半花,见图2-36(b),意匠图纵格次序为从右向左排列,即右侧第1纵格(对应于第1根纹针)为花心,左侧最末一个纵格(对应于最后一根纹针)为花边;且提花机上的通丝采用先穿后挂的形式,即最先穿入目板的通丝吊挂在最后一根纹针上,而最末穿入目板的通丝吊挂在第1纹针上。通丝穿目板的顺序和挂针的顺序相反,则通丝穿目板应采用"花边起穿"。

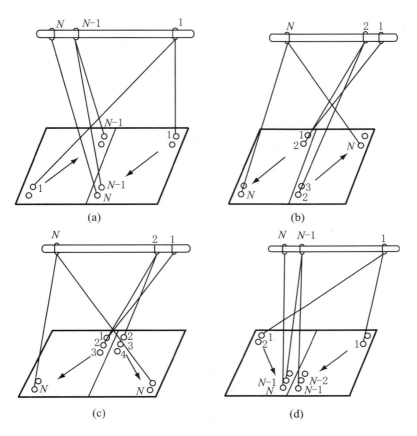

图 2-35　对称穿法

假设意匠图是右半花,见图 2-36(c),意匠图的纵格排列次序和通丝的吊挂次序都没有变化,则通丝穿目板应采用"花心起穿"。

图 2-36　对称纹样

在上述两种情况下,如果意匠图的纵格次序为从左向右排列,而通丝的吊挂次序没有变化,则通丝穿目板的对称穿法与上述两种情况正好相反;或者,意匠图的纵格次序不变,为从右向左排列,而通丝的吊挂次序为先穿先挂,即先穿入目板的通丝吊挂在第 1 纹针下,后穿入目板的通丝吊挂在最后一根纹针下,则通丝穿目板的对称穿法与上述两种情况也正好相反。

对于生产厂家而言,应规定意匠图画左半花还是右半花,不应经常变化,否则易出错。

在对称穿法中,目板上的对称中心处,一根纹针控制的两根经纱在织物表面是相邻的,且运动规律相同,会在织物表面出现"并经"现象,从而破坏了织物组织循环的完整和连续。

采用"花边起穿"时,右半目板从第 1 目孔起穿,左半目板从第 2 目孔起穿,在第 n 把通丝上剪去一根通丝,剩下的一根穿入右半目板的最后一个目孔,就可以避免产生"并经"。若目板为"花心起穿",在起穿的第 1 把通丝上剪去一根通丝,剩下的一根穿入左半目板;从第 2 把通丝开始,一根穿入左半目板的第 2 目孔,另一根穿入右半目板的第 1 目孔,并依次类推,使所剩的目孔在目板边部,由边经补给或由相邻双针添一根通丝补入;空余的目孔不应在花心处,以保证通丝密度均匀一致,不破坏花心形态。

对于提花毛毯等缩绒拉毛织物,因织物表面不显露织纹,所以对组织的要求不高,不拉掉中间一根通丝,影响不大。

⑤混合穿法:有些大花纹织物,其图案采用中心自由纹样,而左右两边为对称纹样(图 2 - 37),为了节约织造所使用的纹针数,通丝可采用混合穿法,即图案的自由中心纹样采用顺穿或飞穿,而两边的对称纹样采用对称穿法。采用混合穿法时,一般是先穿中心自由花区再穿对称边,见图 2 - 38。

图 2 - 37　两边对称、中心自由纹样

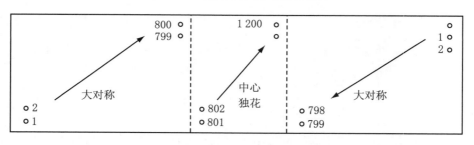

图 2 - 38　混合穿法

要注意的是,在对称边与中心自由花区的连接处,纹针数应"单双衔接",否则会破坏组织的连续性。

不论是对称穿还是混合穿,它们都解决了机械式提花机纹针数不足的缺陷,并节省了意匠图的绘制时间,但是这两种穿法的品种适应性较差。由于纹织 CAD 的使用,意匠图的编辑比较方便,如果提花机的纹针数够用,应尽可能采用顺穿法或飞穿法,以方便花色品种的不断更新。

四、电子提花机的目板与通丝穿目板

1. 通丝数量计算

在电子提花机上,由于纹针数比较多,一般采用普通装造,不需要采用多把吊装置,因此通丝数量的计算比较简单:

$$通丝把数 = 纹针数$$
$$每把通丝数 = 花数$$
$$一台织机的通丝总根数 = 通丝把数 \times 每把通丝数 = 纹针数 \times 花数$$

2. 目板选用

电子提花机的运转速度比较快,为了适应高速运转,电子提花机的目板采用耐磨性好的聚塑板制作。

$$电子提花机所用目板的穿幅(cm) = 穿筘幅宽 + 2(左右)$$

电子提花机的所用目板列数一般等于提花机本身所具有的纹针列数(通孔板上孔的列数)或成倍数关系,目板常用列数有 16 列、32 列等。电子提花机目板的纵深一般远小于传统机械式提花机的目板纵深,这有利于梭口的清晰度及织机的高速运转。

$$电子提花机的所用目板总行数 = \frac{内经纱数}{选用列数}$$

$$每花实穿行数 = \frac{所用目板总行数}{花数}$$

没有多余的行列数作为空余。

一台电子提花机的目板穿幅和所需的行、列数确定后,再进行目板定制,制作完成后在目板上画出各花区,然后根据计算,将所需的通丝挂在目板前上方的一根横竿上,开始进行通丝穿目板。

3. 通丝穿目板

(1)通丝穿目板的穿向

电子提花机一般采用普通装造,所以目板穿法简单,可以采用纵向一顺穿或跳穿法,也可以采用横向一顺穿,即沿横向穿满一列后换一列,直到穿完为止,如图 2-39 所示。

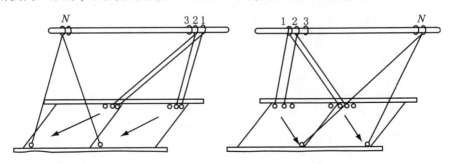

图 2-39　电子提花机的通丝穿目板穿向

(2)普通装造的通丝穿法

①通丝穿目板与通丝穿通孔板同时进行:史陶比尔电子提花机在电子挂钩(纹针)下方

约 20 cm 处增加一块通孔板。通孔板的作用是使通丝相对于纹针只有上下作用力,使纹针挂钩在运动中不发生晃动,并在织造阔幅织物时,使梭口保持清晰。

目板的孔眼呈梅花状排列,每一列可看作两排;而通孔板由于孔洞直径比目板的孔眼直径大,每一排又交错分成了两排,所以通孔板上的一列有四排,对应于目板的一列两排。通孔板的孔洞和电子纹针上下对应,一般情况下,选择目板列数和纹针列数(即通孔板列数)相同或成倍数关系。

对于有通孔板的提花机,在通丝穿目板时,要注意通孔板穿法和目板穿法的相互配合。装造时,穿通孔板和穿目板应同时进行。将通孔板斜置于一个架子上,目板置于下方。新型提花机的通丝挂钩都采用弹性夹头,穿孔时将一排夹头从下向上地压入通孔板孔洞,然后将夹头下的通丝对应地穿入各花的目板孔,从机后向机前逐排进行(图 2-40)。

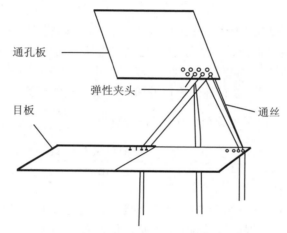

图 2-40　右起穿的通孔板和目板穿法

②通丝穿通孔板的两种穿序:如图 2-41 所示,图中虚线表示通孔板的两种穿序。
a. 一排顺穿(如第 1 列所示);b. 两排联合穿(如第 2 列所示)。

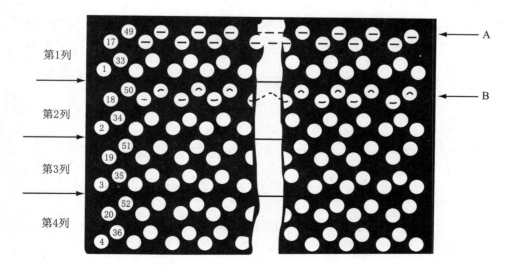

图 2-41　通孔板穿序

③通丝穿目板的两种穿法：

a. 顺穿法：一排排依次顺穿。图2-42中的虚线表示目板顺穿。

b. 跳穿法：织物的经密不高时，常采用跳穿法，可使通丝更顺畅。所谓跳穿法，是指穿目板时，对于同一排，先从右向左穿入1,3,5,…单数孔，回头再从右向左穿入2,4,6,…双数孔，即把通孔板上的第1排通丝穿入目板的单数孔，第2排通丝穿入目板的双数孔，通孔板上的2排对应地穿入目板的1排。

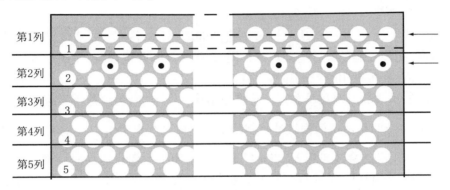

图2-42　电子提花机目板顺穿法

④应注意通孔板和目板穿法的关联性：

a. 当织制高经密织物时，如果目板的选用列数是电子提花机纹针列数的2倍，如目板为32列，而纹针为16列，则通孔板采用一排顺穿，目板也顺穿。

b. 当目板的选用列数与电子提花机的纹针列数相等时，如均为16列，则通孔板采用一排顺穿，目板采用跳穿；或者通孔板为两排联合穿，目板顺穿。

c. 如果目板的选用列数是电子提花机纹针列数的一半，如目板用16列，而纹针为32列，则通孔板应采用两排联合穿，而目板跳穿。

（3）通丝穿法的说明

电子提花机在织造提花毛巾、丝绒、纱罗织物时也可以采用分造（区）穿法，与机械式提花机的分造（区）穿法基本相同。

电子提花机在织造对称大花型织物时也可以采用对称穿法，但必须采用山形对称穿法。消除并经的方法是在中心空出一孔，通丝不能像传统装造那样依次前移。

电子提花机上通丝穿目板孔眼时要根据样卡操作，因为电子提花机的目板孔和纹针是上下对应的；而在机械式提花机上，通丝穿目板孔时可以不看样卡。

第六节　装造工艺5——跨把吊装置及棒刀应用

一、跨把吊装置

在机械式提花机上，为了解决纹针数不足的问题，可以采用多把吊装置；但采用多把吊装置，由于同一把吊控制的经纱运动规律相同，会带来经纱并置现象，使织物表面比较粗糙。为了解决这些问题，可采用跨把吊和棒刀装置。

图2-43所示为普通双把吊和部分跨把吊结构，其中：(a)为双把吊不跨穿，当纹针1和2按照平纹组织运动时，由这两根纹针控制的经纱形成$\frac{2}{2}$纬重平组织；(b)也为双把吊，但通丝按照1,3,2,4交叉跨穿入目板孔，当纹针1和2按照平纹组织运动时，4根经纱也形成平纹组织。除了图2-43(b)所示的1,3,2,4跨把吊外，还有1,4,2,3和2,3,1,4跨把吊，如图2-43(c)所示。

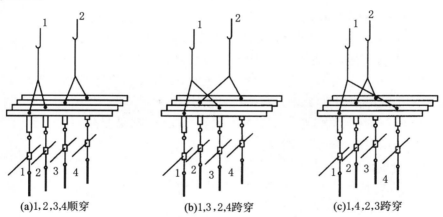

(a)1,2,3,4顺穿　　(b)1,3,2,4跨穿　　(c)1,4,2,3跨穿

图2-43　普通双把吊和部分跨把吊结构

采用跨把吊装置在一定程度上可解决经纱并置现象，但目板上通丝交错、穿法复杂；因此生产中可采用棒刀装置，由棒刀来分离多把吊下的经纱，使同一把吊下的经纱都有自己的运动规律。

二、棒刀应用

1. 棒刀的结构和作用

棒刀是狭长的木片，其规格尺寸由织机幅宽和织物经密确定，一般比筘幅长15 cm，高度为40 mm左右，厚度为4 mm左右。每片棒刀均要穿入一列综丝的编带线（中柱线）环中，同一把吊下的编带线（中柱线）圈环应穿在不同的棒刀上。棒刀由棒刀绳吊挂到竖针上，并由这些竖针提升，如图2-44所示。通过棒刀绳提升棒刀的竖针称为棒刀针，棒刀针一般选用机前和机后竖针。棒刀针的运动规律称为棒刀组织,棒刀组织一般选用有规律的纬面组织。

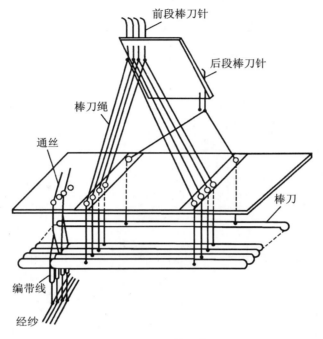

前段棒刀针

后段棒刀针

棒刀绳

通丝

棒刀

编带线

经纱

图 2-44 棒刀装置

使用棒刀装置后,棒刀提升、纹针提升或棒刀与纹针同时提升,均可形成经组织点,从而使同一把吊上的经纱既能随纹针提升而上升,又能随棒刀针提升而上升,使每一根经纱既受纹针控制又受棒刀针控制,因此多把吊下的经纱运动是棒刀针运动和纹针运动合成的结果。

2. 棒刀的作用过程

当纹针运动规律和棒刀运动规律(棒刀组织)良好配合时,不仅能形成经纱单独运动的形式,还能织出符合要求的织物组织。

图 2-45 所示为平纹地缎纹花的棒刀与把吊的配合,其中:(a)为纹样图;(b)为意匠图,意匠图的阴影部位是意匠图的花部,花部单独由棒刀(或棒刀针)带织,意匠图的空白部分为地部,控制地部的纹针按"单起平纹组织"运动;(c)是意匠展开图,在(b)所示的意匠图上,每根竖针下吊 2 根经纱,且为 1,3,2,4 跨把吊,第 1 针控制经纱 1 和 3,第 2 针控制经纱 2 和 4,将意匠图上的 8 根竖针所控制的经纱按"1,3,2,4"跨把吊顺序展开就形成(c)所示的意匠展开图;(d)为棒刀组织图,棒刀组织是一个有规律的 8 枚纬面缎纹组织,单独由这个棒刀组织来形成织物的花部组织;(e)为由纹针和棒刀针双重配合织成的织物组织图,通过将棒刀组织重叠到意匠展开图(c)上而获得,在这个织物组织图上,可以看到花部为 8 枚纬面缎纹组织、地部为平纹组织。

又如某纹织物,采用普通双把吊,地组织为 $\frac{1}{3}$ 左斜纹,花部为 $\frac{3}{1}$ 右斜纹,正织上机,采用棒刀装置,棒刀起地部组织,如图 2-46 所示,其中:(a)为意匠图,意匠图的阴影部分为花部,控制花部的纹针按$\frac{2}{2}$经重平组织提升,意匠图的空白部位为地部,控制地部的纹针不提升;(b)是意匠展开图,由(a)按照普通双把吊且每根竖针吊2根经纱的情况展开而得到;(c)为$\frac{1}{3}$棒刀组织,单独由棒刀组织来形成织物的地部组织;(d)为意匠展开图与棒刀组织配合获得的最终的织物组织图。

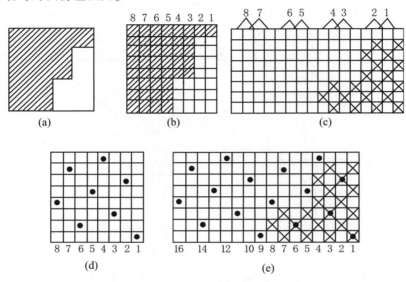

图 2-45　棒刀与把吊的配合之一

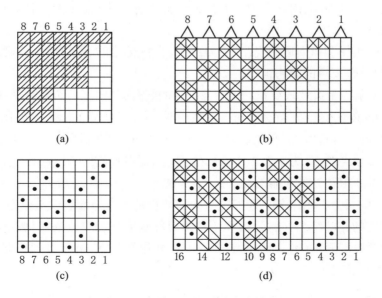

图 2-46　棒刀与把吊的配合之二

实 践 活 动 ━━▶ ···

提花机的上机装造

以 4 人为一组,到大提花织物生产企业的织造车间或实训工厂,认识上机装造的过程,并能够进行上机装造操作。

(1)了解提花机的安装高度和工厂确定通丝长度的方法。

(2)进行通丝穿目板的实际操作,掌握通丝穿目板的技能。

(3)了解通丝挂钩过程。观察每把通丝是如何根据纹板样卡,按照怎样的次序挂到纹针挂钩下的? 详细记录该过程。

(4)通丝与综丝相连的过程在工厂俗称为吊柱(或吊综)。观察工厂是如何吊柱(或吊综)的,吊柱(或吊综)时如何保证使同一列综丝的综眼保持水平? 详细记录以上过程,并学会吊柱(或吊综)的方法。

(5)了解穿经、穿筘的过程,并记录;认识捻绞过程,并掌握捻绞的方法。

根据上述情况,写出详细的实践报告。

思考与练习:

1. 什么是提花机的装造? 提花机装造包括哪些内容?

2. 简述提花机纹线机构的组成和特点。

3. 简述机械式提花机的工作原理和博纳斯电子提花机、史陶比尔电子提花机的电子纹针的提升原理。

4. 什么是提花机的规格(号数、口数)?

5. 在右手机械式提花织机上,纹板首端朝向机前,纹板作用横针次序为顺织。试确定底板上竖针、横针的排列次序。

6. 在左手机械式提花织机上,纹板首端朝向机后,纹板作用横针次序为顺织。试确定底板上竖针、横针的排列次序。

7. 什么叫纹板的顺编和倒编(反编)? 什么叫顺织和倒织? 什么叫正织和反织?

8. 在机械式提花机上,织物正织,纹板作用横针的次序为顺织,织机上经纱的排列次序为从左向右。试比较意匠图和织物表面的图案方向。

9. 什么叫造、花区、双把吊?

10. 在什么情况下要分造?

11. 织制某织物,全幅 2 花,内幅 200 cm,经纱密度 200 根/10 cm,采用双把吊。计算所需纹针数。

12. 织制某经二重织物,基础组织的表经与里经之比为 2:1,内经纱数为 2 880 根,全幅 2 花。计算纹针数。

13. 在 1400 口提花机上,织造独花台布,成品内幅为 144 cm,经密为 371 根/10 cm,把吊数为 2。在充分利用提花机所供纹针数的前提下,试设计花纹的布局,并计算纹针数。

14. 简述辅助针的种类和作用。

15. 纹织物常用哪些边组织?

16. 在 1400 口提花机上,设计 1 440 针、边针为 4 针的纹板样卡。

17. 织造某织物,经密 200 根/10 cm,内幅 120 cm,单造单把吊,全幅 2 花。计算通丝把数、每把通丝数、总通丝数。

18. 织造某织物,总经根数为 4 832 根,边纱 32 根,单造双把吊,全幅 2 花。计算通丝把数、每把通丝数、总通丝数。

19. 织制某织物,所需纹针数为 900 针,全幅 4.6 花。试确定通丝把数和每把通丝数。

20. 通丝穿目板有哪几种常用方法?它们各有什么特点?各适用于哪类产品?

21. 在纹织物的生产过程中,有时为什么要采用跨把吊和棒刀?请说明跨把吊和棒刀的作用。

22. 什么叫棒刀组织?棒刀组织怎样与纹针运动规律相配合来控制经纱运动?

第三章　纹样设计

> **任务**：设计符合要求的纹样，并配置生产所需要的工艺参数。
> **知识目标**：掌握纹样特点、布局、形式，以及纹样设计的要求。
> **能力目标**：能够绘制符合要求的纹样，能够通过配置织物组织和其他
> 工艺参数来形成所设计的纹样。
> **素质目标**：具备一定的创新意识。

纹样示例

第一节　纹样概述

一、纹样的概念

1. 认识纹样

纹样是纹织物所要织造的花纹图案，俗称为纹织物的小样，一般先画在纸上，经过上机织造后，使纸上的图案显示在织物上。

纹织物的组成有三个要素：一是原料；二是组织结构；三是纹样。纹样是纹织物的灵魂，所以纹样设计是纹织物设计中极为重要的一环。纹样设计既要考虑纹织物的经济实用性，又要考虑美观和可织性，通常受织物经纬密度、组织结构、织造工艺、织物原料等因素的限制。

纹样上的色彩代表某种组织，所以不同色彩的数量应等于织物上不同组织的数量。纹织物的花纹有素色（一个颜色）也有彩色，但不论是素色或彩色，都是由经组织点或纬组织点构成的。织物组织和色纱排列决定织物的色彩显示和明暗层次。

2. 纹样的尺寸确定

一般来说，纹样的尺寸与纹织物成品的花纹图案尺寸相等；但也有例外，如对于花型较大（如毛巾被、毛毯、被面）或花型较小（小花朵或小图案）的产品，设计时可以按比例缩小或放大。

$$纹样宽度 = \frac{成品内幅}{花数} = \frac{纹针数}{经密} \times 把吊数$$

$$纹样长度 = \frac{一花纬纱数}{成品纬密}$$

二、纹样的题材

纹织物的纹样题材主要来自花鸟鱼虫纹样、山水纹样、几何图案纹样、民族纹样、文字纹样和器物造型纹样。

1. 花鸟鱼虫图案纹样

这类纹样反映的主要内容为花鸟鱼虫,是纹织物的主题纹样。在传统的纹样中,常见的花卉有梅花、兰花、菊花、牡丹花、月季花、海棠花、芙蓉花、荷花等,常见的鸟类有喜鹊、鸳鸯、凤凰、鹤、鸽子等,常见的鱼类有鲤鱼、金鱼、热带鱼等,常见的昆虫类有蜻蜓、蝴蝶、蜜蜂、螳螂、秋蝉等。具体设计时以花卉为主,辅以鸟类、鱼类、昆虫类图案(图3-1)。

2. 山水风景图案纹样

这类纹样的反映内容为由山川、湖泊、江河、树木、风雪、云雾、红日、残月和奇山怪石、亭台楼阁、舞蹈人物、仕女、孩童等组成的风景图画(图3-2)。

图3-1 花鸟图案纹样　　　　　　　　图3-2 山水风景图案纹样

3. 几何图案纹样

这类纹样是将几何中的直线、曲线、弧线及其形成的块面组成象征性图案,或似平面,或似立体,别具特色。该种纹样还包括将各种写实纹样经过变化而得的抽象或印象派图案,是写实纹样的提炼、概括、升华和发展(图3-3)。

4. 民族图案纹样

这类纹样有明显的民族特色,纹样内容涉及龙、凤、金石篆刻、古乐、古器皿、琴、棋、书、画以及少数民族特有的图案纹样,如四川的蜀锦、广西壮族的壮锦的图案(图3-4)。

5. 文字图案纹样

文字图案纹样的题材一般取自寓意吉祥的文字图案,如"福、寿、禄、喜、吉祥、如意"等的隶书、篆书、甲骨文或其他形式而形成的美术字纹样。这些美术字纹样与花卉或其他图案相间配置,使织物别具风格(图3-5)。

6. 器物造型图案纹样

器物造型纹样是采用各种生产工具、文娱用品、日用品、交通工具等经过变化后的图案

（图3-6）。

图3-3　几何图案纹样

图3-4　民族图案纹样

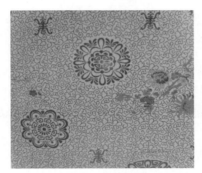

图3-5　文字图案纹样

图3-6　器物造型图案纹样

三、纹样的构图

纹样设计的第一步是纹样的构图设计。在纹样构图安排合理的前提下,才能进行细部刻画。纹样的构图设计可分为纹样排列、布局和纹样的接回头方式设计等几个部分。

1. 排列

（1）散点排列

散点纹样是织物图案中最常见的纹样。凡提花机装造使用数花一顺穿吊法时,其织物图案纹样的排列都应以散点形式出现。散点纹样必须是上下左右接回头,故称为四方连续纹样。散点纹样又分为一个散点、两个散点、三个散点、四个散点和五个散点等等。依次按散点排列图安排花纹,则整块织物中不会产生花纹档和其他病疵。

①一个散点:根据提花机装造的花数,每个花纹循环内安排一个独立花纹,即称为一个散点。在整幅织物的范围内,按照提花机装造的花数,就会出现连续平行排列的数个独立花纹。

一个散点的纹样比较呆板,使用较少,花纹的造型常为团花形式。古代服装的旗袍面料和少数民族的服饰面料中可以看到此类排列的纹样。

②两个散点:根据提花机装造的花数,每个花纹循环内排放两个主要花纹;每个主要花纹在形式、内容上可以相同也可以有所不同,排列形式类似平纹组织点而形成一个组花。在整幅织物的范围内,根据提花机装造的花数,就会出现数个同样的组花(图3-7)。

③三个散点:根据提花机装造的花数,每个花纹循环内排放三个主要花纹;每个主要花纹的内容可以相同也可以有所不同,排列形式类似3枚斜纹组织点而形成一个组花。在整幅织物的范围内,根据提花机装造的花数,就会出现数个同样的组花(图3-8)。

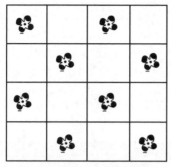

图3-7　两个散点排列

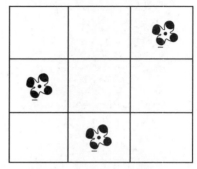

图3-8　三个散点排列

④四个散点:根据提花机装造的花数,每个花纹循环(完全花纹)内排放四个主要花纹;每个主要花纹的内容可以相同也可以有所不同,排列形式类似4枚破斜纹组织点而形成一个组花。在整幅织物的范围内,根据提花机装造的花数,就会出现数个同样的组花(图3-9)。

⑤五个散点:根据提花机装造的花数,每个完全花纹内排放五个主要花纹;每个主要花纹在形式、内容上可以相同也可以有所不同,排列形式类似5枚缎纹组织点而形成一个组花。在整幅织物的范围内,根据提花机装造的花数,就会出现数个同样的组花(图3-10)。

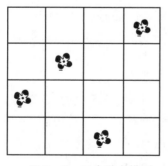

图3-9　四个散点排列

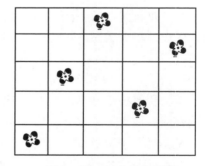

图3-10　五个散点排列

(2)条格排列

条格形排列又分直条、横条、斜条、波形、方格和变化格等,有时在条格骨架的基础上再加上几何花纹或小花卉等(图3-11)。

(3)连缀排列

排列时纹样相互连接或穿插而构成连缀,在我国传统图案中应用较广,有菱形连缀、连环连缀等,如传统图案中的棋格纹、万字纹、龟背纹等,其特点是平稳、大方、规则(图3-12)。

（4）重叠排列

用两种或两种以上的纹样重叠排列在画面上,往往采用小花纹或小几何纹嵌满地部,上面加散点中花或大花,使纹样主次分明、层次清晰(图3-13)。

（5）单独排列

在一个花纹循环中安排独花,使图案气势较大,如独支梅花、大团花等(图3-14)。

（6）不规则排列

一般适用于混满地的花型,穿插自由,不受散点排列的限制(图3-15)。

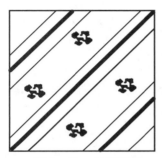
图3-11　条格排列

图3-12　连缀排列

图3-13　重叠排列

图3-14　单独排列

图3-15　不规则排列

2. 布局

（1）根据花部、地部面积大小划分

纹样的布局可分为清地布局、混满地布局、满地布局:

①清地布局:空地面积约占整个纹样的四分之三,花部面积约占四分之一。

②混满地布局:整个纹样的花、地部分各占二分之一,相互参差混合在一起。

③满地布局:花纹面积约占整个纹样的四分之三,地部面积约占四分之一。

（2）根据整幅的纹样分布划分

①多花纹样:在织物门幅内沿横向重复排列数个花纹,即四方连续纹样。

②独花自由纹样:在织物门幅内只排一个全自由的图案。

③大对称纹样:在织物门幅内,左右两侧的图案呈轴对称分布(图3-16)。

④自由中心+大对称纹样:在一幅织物内,中间是一个自由独花,两侧为左右对称的图案(图3-17)。

图 3-16　大对称纹样

图 3-17　自由中心+大对称纹样

3. 接回头

图案连续的纹样可以分为二方连续、四方连续和不连续纹样。这些纹样必须注意接回头，否则可能会使织物表面出现花路和花档。纹织物中最常用的是四方连续的接回头方式，且有两种四方连续的处理方法，即平接和1/2跳接，如图 3-18 所示。

1	3
2	4

原样

3	1
4	2

平接左右接

2	4
1	3

平接上下接

4	2
1	3

1/2跳接上下接

3	2
4	1

1/2跳接左右接

图 3-18　四方连续的接回头方式

四、纹样表现手法

织物纹样的表现手法指纹样的体裁，也是指绘画的方法，亦可称为画种，常用的有工笔写实画法、写意画法、版画法、水粉画法等。现将这些表现手法的使用对象简述如下：

1. 工笔写实画法

以经面组织做地纹，使用纬纱起花且密度大的织物，其纹样都惯用工笔写实画法。这是纺织图案中最常使用的绘图方法。例如织锦缎、古香缎、软缎、织锦台毯、织锦靠垫，以及各类织锦的装饰画，都是采用工笔写实画法来表现织物图案的。由这种方式表现的图案姿态和形象较为逼真。

2. 写意画法

组织结构简单的织物、单经单纬织物、地纹粗犷的织物或通过组织变化来表现织物花纹图案的织物的纹样，多采用写意画法绘制。例如黑白织景画、提花塔夫绸等织物的图案，都可使用写意画法绘制。写意画法表现的造型比较简练概括。设计者可根据某一题材取其优美的部分加以提炼，并按照设计意图进行发挥和表现。

3. 版画画法

单经单纬织物、纬二重纬起花织物，以及最适宜使用线条和块面来表现图案纹样的织物，常采用版画画法。设计者以写实图案为基础，通过点、线、面三者的变化，对图案进行大胆的取舍和变形，以达到简练概括和造型优美的装饰效果。

4. 水粉画(油画)画法

对于色彩丰富、组织变化多、层次复杂的多经多纬织物,最宜使用水粉画、油画等画法绘制织物纹样。例如织锦的装饰画、织锦台布图案和沙发布图案,都采用这种形式的画法。

第二节　纹样设计

一、纹样设计的要求

1. 符合品种要求

织物一般有高档织物和中低档织物之分,所以设计这些织物的纹样之前,首先应考虑将设计的纹样是用于高档织物还是中低档织物。

对于高档织物,在原料选择、织物结构和织造工艺上都有较高的要求,特别是纹样的设计,高档织物一般要求其具有高贵典雅的风格,所以一般选择高贵典雅的纹样题材,如植物中的玫瑰、牡丹,动物中的老虎、狮子等,或者具有鲜明宗教特征的图案。此类织物的纹样不宜过于复杂花哨,应以简明为主。同时,色彩上一般不采用具有强烈对比的颜色。

对于中低档织物,其纹样设计没有太严格的要求,通常只需考虑织物需要和销售地区以及该地区的当前流行趋势等因素。

2. 符合产品规格的要求

产品规格包括纹织物所采用的原料种类、经纬纱细度、组织结构、经纬密度等。这些因素都会对花纹图案(纹样)的表现效果产生影响,所以纹样设计时必须充分考虑产品规格。

(1)原料

纹织物所用的原料很多,有棉、毛、丝、麻、化纤、金银丝等。原料不同,织物的光泽、内在质量、织缩率、吸色能力(染料上染能力)不同。纹样设计人员应充分利用原料特性,合理分配花、地的表现形式。

(2)组织结构

组织结构有松、紧结构之分。采用松组织,则经纱织缩小;采用紧组织,则织缩大。若花部采用松组织,地部采用紧组织,当纹样花型分布不均匀且花部过于集中时,经纱易松弛,从而造成布面不平整,且影响生产效率和产品质量。

(3)经纬纱细度和经纬密度

经纬纱细度低、经纬密度大的产品,纹样可表现得细微精致;经纬纱细度高、经纬密度小的产品,纹样显得粗壮。

3. 符合织造工艺和装造条件

纹样设计应根据企业现有的织造设备工艺、提花机的规格和工作能力、装造类型、装造条件和纹板样卡等因素来确定纹样的尺寸、纹样图案变化和色彩配置,因此纹织物的设计人员必须对工厂的工艺技术条件比较熟悉,以避免设计出来的纹样不具有可织性。

4. 符合用途和消费地区的要求

依据纹织物的不同用途应设计不同的图案纹样，同时还要考虑销售地区的要求。因为地区不同，审美观和习惯不同，对色彩和图案有不同的喜好。

5. 符合绘画艺术原则

纹样也是一幅画，要求造型优美，符合绘画艺术的审美准则，同时应使画稿清洁、工整，色彩均匀准确，轮廓清晰。

二、纹样设计与织物组织的应用

织物组织是形成纹织物的基础，组织点是表现纹样图案的最小单元，所以纹样和织物组织有着密不可分的关系。

素色纹织物的图案花型，完全依靠织物组织的变化来显示织物的纹理和光泽，或者用不同原料的纱线和组织变化相配合来丰富花纹的层次效果。

对于彩色纹织物，则通过织物组织和不同色彩的经纬纱配合来形成纹织物的表面层次感和丰富的色彩变化。

1. 平纹组织

平纹组织织物的交织最频繁，产品结实耐用，而且经纬组织点数相同，所以平纹织物光泽柔和，色彩为经纬纱的混合色。

纹织物采用平纹组织有三种情况：第一种是地组织为平纹，花组织为缎纹或斜纹，由于地、花的交织次数相差较大，易使经纱张力不匀，故要求花纹排列必须十分均匀，否则布面不平整；第二种是花组织为平纹，地组织为缎纹或其他组织，因平纹花光泽较暗淡，宜做主花的陪衬，以达到多层次的效果；第三种是地组织、花组织均为平纹，一般用在由平纹组织作为表组织的多层复杂纹织物上，因织物表面的平纹组织没有浮长线，一个组织点即为一个显色单元，所以对花型的表达最为充分细腻。

2. 斜纹组织

斜纹组织较平纹组织的交织次数少，其织物的光泽优于平纹，但不如缎纹组织。经面斜纹的织物颜色以经纱颜色为主，纬面斜纹的织物颜色以纬纱颜色为主。斜纹组织的变化较多，有山形斜纹、菱形斜纹、锯齿斜纹、曲线斜纹、芦席斜纹、螺旋斜纹等。这些不同的变化斜纹可在织物上形成不同的几何曲线，使织物具有较强的装饰性。斜纹织物的纹样绘制比较自由，但斜纹组织由一定长度的浮长线作为一个显色单元，所以花型的表现不如平纹组织细腻。

3. 缎纹组织

缎纹组织的交织次数少，其织物牢度差，但光泽好。经面缎纹的织物色彩主要显示为经纱颜色，纬面缎纹的织物色彩主要显示为纬纱颜色；如果密度较大，可表现出经(纬)纱的纯色效果。纹织物中有缎纹地、缎纹花或正反缎的表现形式，所以可表现亮地暗花或暗地亮花。特别当织物的花组织采用经面缎纹、地组织采用纬面缎纹，或者织物的花组织采用纬面缎纹、地组织采用经面缎纹(即正反缎纹配置)时，织物的整体经纱张力均匀，织物花纹绘制比较自由随意。缎纹起经花时，图案应以块面表现为主，不宜画较细的横线条；而缎纹地上起纬浮花时，不宜画过细的直线条。

4. 经高花

经高花织物采用经二重或双层组织,经纱选用收缩性能不同、粗细不同、织造张力不同的两个系统的纱线而构成,花纹以块面为主。

5. 纬高花

纬高花织物采用纬二重或双层组织,纬纱选用收缩性能不同、粗细不同、蓬松性不同的两个系统的纱线而构成,花纹应避免横直线条。

三、纹样的设色

织物纹样的设色是指设计织物纹样时要使用几种(代表)颜色,主要依据织物结构而定。

1. 织物的结构与设色

(1)单经单纬纹织物的设色

单经单纬织物只能通过组织变化来表现织物的花型。为了保持织物的交织状态平衡,组织变化不可能太大。一般来讲,地纹的基本组织使用一个颜色,花组织的颜色最多不能超过两种;因此只能用两种颜色来代表花色,一种颜色代表地色,共设三色。如果是单经单纬换纬加抛纬(梭)织物,可以根据换纬和抛纬的多少,设置换纬和抛纬(花)的颜色;因此,单经单纬织物的设色等于三色加换纬和抛梭(色)。

(2)纬二重纹织物的设色

纬二重纹织物是单经双纬的纹织物。单经双纬织物的设色,除了地纹的颜色之外,可设两组(两个系统)纬花的颜色,再加上经纱和纬纱交织所生成的组织间接色。如纬二重提花装饰织物,设色时其基准色为经一色、纬三色(甲纬色、乙纬色、甲乙混合色),共四色,若所配的基本组织是三种,则可以设置的套色数为12色。

纬二重纹织物还可以根据换道的多少来增加换道色;如果是单经双纬加抛纬(梭)织物,还可以根据抛纬的多少来设置抛纬色。

(3)纬三重纹织物的设色

纬三重纹织物是单经三纬织物。单经三纬织物的设色,除了地纹的颜色之外,可设三组(三个系统)纬花的颜色,再加上三组(三个系统)纬纱各设两组组织变化的颜色(计六组颜色),故单经三纬织物可以设置的基准色为九个花色和一个地色。

如果纬三重纹织物是单经三纬的换道织物,还可以根据换道的多少来增加换道色,换道色同样可设置组织变化的颜色。

如果纬三重纹织物是单经三纬加抛纬(梭)织物,则还可以根据抛纬的多少来增添抛(花)纬的颜色。

(4)经二重纹织物

经二重纹织物是双经单纬纹织物,在用色上,以各组经纱色的混合色为基准,纬纱色可以先不考虑,配合组织结构的变化,确定所需使用的套色数。如经二重提花装饰织物,基准色为经三色(甲经色、乙经色、甲乙经混合色),若所配的基本组织是三种,则所需的套色数为九色,也就是该品种的纹样设计可以用九套色。

(5)多经多纬织物的设色

多经多纬织物主要指双层或多层纹织物。多经多纬织物花色的表现方法主要是使用不同经(色)纬(色)交织的组织变化,以及表里交换所产生的不同色彩和不同层次来体现地纹和花纹效果。因此,这种织物的设色,第一取决于经纱和纬纱数的多少,第二取决于组织变化的多少。如由两组经、两组纬构成的双层提花织物,经、纬各有两色(甲经色、乙经色、甲纬色、乙纬色),在双层结构中共可以产生四种经纬混合色(甲经甲纬、甲经乙纬、乙经甲纬、乙经乙纬);以这四种经纬混合色为基准色,若所配的双层组织有三种,则可设的套色数为 12 色,也就是在这种提花装饰织物的纹样设计中一共可以使用 12 种不同的色彩来表现纹样效果。

2.织物纹样与设色

若设计的织物层次分明、布局均匀,则可以采用对比度较强的颜色;若织物的花纹零乱、布局不匀,则采用一些相近的颜色。在织物中大块面的纹样上一般不采用鲜艳的颜色,而对于小块面的花纹可以采用鲜艳的颜色。由于各种色彩给人的感觉是不一样的,可以根据具体设计的纹样来确定所用的主色调。比如:粉红、浅蓝等颜色给人轻松、活泼的感觉;黄色给人温暖、亲切的感觉;红色给人欢快的感觉。另外,其他很多颜色都有不同的属性,应对这些属性有一定的了解。

阅读材料 ▶▶

纹样设计任务书

在一般情况下,进行织物设计,首先是产品的规格(包括织物经纬原料、经纬纱的粗细、经纬密度,以及提花机使用的纹针数)和织物的组织设计,然后进行织物的纹样设计。纹样设计人员是根据产品的规格和织物的组织进行花样设计的,具体而言是根据纹样设计任务书的内容和要求来绘制图案。纹样设计任务书通常以表格的形式出现,不同地区使用的表格形式不同,但其内容大致相同,应包含以下几项:

(1)花样的题材要求,花样的风格要求。

(2)纹样的布局。

(3)完全花样的花幅和长度。

(4)一个花纹循环内的经纱数和纬纱数。

(5)织物的结构和组织,包括:几组经纱,几组纬纱,几种组织;地色和经花色设几色,纬花色设几色。

思考与练习:

1. 名词解释:纹样,纹样清地布局,纹样混满地布局,纹样满地布局。

2. 简述纹样设计的要求。

3. 简述纹样设计与织物组织的关系。

4. 按照纹样设计任务书的要求,试设计提花窗帘织物纹样一个,并编写纹样设计任务书。

5. 某织物成品幅宽 123 cm,边宽 3 cm,成品经密 300 根/10 cm,纬密 280 根/10 cm,花、地组织为 8 枚正反缎纹,准备在 1400 口提花机上用 1 200 根纹针进行织造,采用单造单把吊(普通装造)。试计算一个正方形纹样的尺寸,并计算整个布幅内的花数和一个花纹循环的经纱数、所用的通丝把数和纹板数、意匠图的纵格数和横格数。

第四章　意匠设计

任务:一张完整意匠图的编辑。

知识目标:认识意匠图的作用,熟悉意匠图编辑的步骤和方法。

能力目标:能够手工和利用 CAD 编辑一张意匠图。

素质目标:耐心和仔细。

　　提花织物纹样的意匠设计,是根据织物经纬密度、织物组织和装造类型,将织物纹样放大到特定的具有纵向和横向的小格子纸(称为意匠纸)上,并制成一张意匠图的过程。意匠图为制作提花纹板(或形成纹板文件)的依据,所以意匠图的质量直接影响织物的纹样效果。

　　纹板(或纹板文件)是用来控制提花机纹针升降的条件。现在大多数意匠设计工作和纹制工作都是通过纹织 CAD 或 CAD/CAM 来完成的。利用纹织 CAD 或 CAD/CAM,缩短了提花织物产品的开发周期,为快速开发新品种提供了条件。意匠设计包括意匠图的规格选用、纹样放大、意匠勾边、意匠设色、意匠点间丝、影光和泥地组织设置、花和地组织处理、意匠的纹板轧法说明、纹板样卡设计和生成纹板等过程。这些都可以通过纹织 CAD 进行编辑。

阅读材料 >>> ·······························

(一)纹织 CAD 系统

　　一般的纹织 CAD 系统都可以分为扫描分色、意匠编辑、产品真实感模拟、组织变算、装造资料编辑等子系统:

　　(1)扫描分色子系统,主要完成样稿、布样扫描输入和分色,输出原始意匠图。

　　(2)意匠编辑子系统,主要完成原始意匠图的编辑、修改,意匠图组织、生成可进行组织变算的产品意匠图,组织库、纱线属性库的定义、维护,真实感模拟、浮长检测等功能。

　　(3)组织变算子系统,根据意匠图信息、意匠图组织和装造资料,产生相应的纹制控制信息,用于设备的生产控制。

　　(4)装造资料编辑系统,负责完成装造资料的编辑、修改及装造资料库维护。

(二)云锦的生产工艺

　　完成纹样设计后,如何使它在织物表面不走样地再现呢?现代电子提花织物的生产,先根据意匠图形成纹板或纹板文件,然后运用纹板或纹板文件上机,通过与织机上的龙头、纹针的相互作用来完成。云锦妆花类产品则利用传统的老式提花木机进行织造,由于织机的构造不同,其纹样过渡到织物的手段不同于现代电子提花织机。云锦需要采用挑花结本这个技术性的工艺手段来完成。

第一节 意匠图的规格和选用

意匠设计工作的第一步是确定意匠图规格和意匠图大小。

意匠图的纵格代表经纱(或纹针),横格代表纬纱(或纹板)。意匠图规格就是指意匠图的纵格密度与意匠图的横格密度之比。

为了保证提花织物上的花纹图案与纹样的比例关系一致,意匠图的纵横格比例应与织物成品的经纬密度之比相符合。因不同织物的经纬密度之比各不相同,故意匠图有多种规格。

1. 手工意匠绘画的意匠纸规格

在手工意匠绘画时,我国常用的意匠纸规格有"八之八"到"八之三十二"共 25 种。意匠纸规格中,前面的数字代表横格数,后面的数字代表与 8 个横格组成方格形时的纵格数。由于意匠图的纵格代表经线,横格代表纬线,故"八之八"规格表示织物经纬密度相等,"八之十六"规格表示织物经密比纬密大一倍。大多数织物的经密大于纬密;对于个别纬密大于经密的品种,可将意匠纸横用。

根据我国的生产习惯,手工绘制意匠图时,意匠纸的纵格次序为自右至左,横格次序为自下而上,在每一粗线大格中,纵横格数均为 8 小格(图 4-1),以适合常用组织(如平纹、4枚斜纹,以及 8 枚、12 枚、16 枚缎纹)的绘画,也便于纹板轧孔。

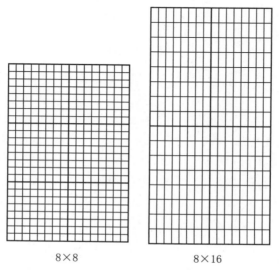

8×8   8×16

图 4-1 我国常用意匠纸

意匠纸规格的选用要根据织物成品的经纬密度之比的计算结果而定,同时要考虑织物的组织结构和装造情况,对计算结果进行修正。修正依据为:①对于重纬织物,意匠纸上一横格代表重纬数;②对于重经织物,意匠纸上一纵格代表重经数;③对于采用多把吊的装造,意匠纸上一纵格代表把吊数。

根据上述修正依据和意匠纸密度比的含义(即织物成品的表层经纬密度之比),意匠纸密度比的一般计算公式如下:

$$意匠纸密度比=\frac{织物成品经密/(把吊数×分造数)}{织物成品纬密/纬重数}×8$$

当经重数(或纬重数)不等于1∶1时,意匠纸密度比可按下列公式计算:

$$意匠纸密度比=\frac{织物成品表经经密/把吊数}{织物成品表纬纬密}×8$$

意匠纸规格均为整数,计算所得若有小数时,可四舍五入后取其整数,选用近似的意匠纸。

2.纹织CAD中的意匠图规格

在纹织CAD中,意匠图规格是根据经纬密度之比而定的,无八之几的概念,大格内的纵横格数也可任意设定。在纹织CAD系统的经密对话框里输入经密(织物成品表经经密/把吊数),纬密对话框里输入纬密(织物成品表纬纬密),意匠图就会根据经纬密度之比自动生成。

$$意匠图规格=\frac{织物成品表经经密/把吊数}{织物成品表纬纬密}$$

采用纹织CAD编辑意匠图时,意匠图规格的计算也要考虑织物的组织结构和装造情况。例如:简单纹织物中,意匠图上每一纵格代表一个花纹循环中的1根经纱,每一横格代表1根纬纱;对于重经或重纬纹织物,意匠图上每一纵(横)格代表2根或2根以上的经(纬)纱;采用多把吊或分造装造时,意匠图上每一纵格代表把吊数的经纱或分造数的经纱。

例1:某双层纹织物,装造类型为双造单把吊,成品经密为30根/cm,成品纬密为20根/cm。试确定意匠图规格。

$$意匠纸密度比=\frac{织物成品经密/(把吊数×分造数)}{织物成品纬密/纬重数}×8=\frac{30/2}{20/2}×8=12$$

当采用手工绘制意匠图时,选用八之十二意匠纸。

在纹织CAD中,将15(即30/2)输入经密对话框,将10(即20/2)输入纬密对话框,意匠图规格即自动形成。此时,意匠图上每一纵格代表2根经纱,每一横格代表2根纬纱。

例2:某纹织物为纬二重组织,采用单造双把吊上机,成品经密为24根/cm,成品纬密为28根/cm。选用意匠纸。

$$意匠纸密度比=\frac{织物成品经密/(把吊数×分造数)}{织物成品纬密/纬重数}×8=\frac{24/2}{28/2}×8=6.9$$

由于意匠纸规格最小为八之八,当计算所得小于8时,可将式中的经密/把吊数与纬密/纬重数颠倒后计算,即将计算出来的意匠纸横用。因此意匠纸密度比应为:

$$意匠纸密度比 = \frac{织物成品纬密/纬重数}{织物成品经密/(把吊数×分造数)} × 8 = \frac{28/2}{24/2} × 8 = 9.3$$

选八之九的意匠纸横用。

在纹织 CAD 中,将 12(24/2)输入经密对话框,将 14(28/2)输入纬密对话框,意匠图即自动生成。此时,意匠图上每一纵格(1 根纹针)代表 2 根经纱,每一横格代表 2 根纬纱。

例 3:某真丝纹织物为经二重织物,表经:里经为 2:1,采用大小造单把吊装造,成品经密 70 根/cm,成品纬密 50 根/cm。选用意匠纸。

$$意匠纸密度比 = \frac{织物成品表经经密/把吊数}{织物成品表纬纬密} × 8 = \frac{70×2/3}{50} × 8 = 9.3$$

选用八之九意匠纸。

该意匠图上每两个纵格代表 3 根经纱,其中 2 根为表经、1 根为里经;每一横格代表 1 根纬纱。

3. 计算意匠图纵横格数

提花机装造采用单造时,整幅意匠图上的纵格数与所用纹针数相同;当采用分造装造时,纵格数仅与一造的纹针数相同;当分造有大、小造时,纵格数与大造纹针数相同。意匠图上的横格数由纹样长度、纬密及纬重数决定,而且,纵、横格数必须是花、地组织循环数的倍数,具体算法如下:

(1)纵格数计算

①单造单把吊:　　　　纵格数 = 一个花纹循环内的经纱数 = 纹针数

②单造多把吊:　　　　纵格数 = 一个花纹循环内的经纱数/把吊数 = 一造纹针数

③双造及多造:　　　　纵格数 = 一个花纹循环内的经纱数/造数 = 一造纹针数

(各造经纱比为 1:1)

④大小造:　　　　　　纵格数 = 大造纹针数

(2)横格数计算

$$意匠图横格数 = \frac{花纹长度×纬密}{重纬数} = 纹样长度×表纬纬密$$

另外,对称纹样可只画 1/2,余下部分通过纹织 CAD 的复制、对称等功能或者由对称装造来完成。

例 4:某纹织物的成品经密为 40 根/cm,成品纬密为 48 根/cm,花、地均为 8 枚缎纹、16 枚缎纹构成的纬三重织物,纹样为正方形,纹样长 40 cm,采用单造双把吊织造。试选用意匠图规格,并确定纵横格数。

解:$意匠纸密度比 = \dfrac{织物成品表经经密/把吊数}{织物成品表纬纬密} × 8 = \dfrac{40/2}{48/3} × 8 = 10$

选用意匠图规格为八之十。

$$意匠图纵格数=纹针数=\frac{花纹循环的宽度\times经密}{把吊数}=\frac{40\times40}{2}=800(格)$$

$$意匠图横格数=\frac{花纹长度\times纬密}{重纬数}=\frac{40\times48}{3}=640(格)$$

由于地组织和边组织均为 8 枚及 16 枚缎纹,纵横格数必须为 16 的倍数,而上述计算结果正好是 8 和 16 的倍数,所以不用修正。

在纹织 CAD 中,将 20(40/2)输入经密对话框,16(48/3)输入纬密对话框,800 输入纵格为例题内容,加色块数对话框,640 输入横格数对话框,意匠图规格和大小即自动生成。

第二节　意匠图绘画

意匠图绘画主要包括纹样放大、意匠勾边、意匠设色、意匠点间丝、影光和泥地组织设置、花和地组织处理、意匠的纹板轧法说明和纹板样卡设计等步骤。

一、纹样放大

将纹样移绘到已经计算好的意匠纸上时,因意匠纸的面积比纹样大,所以纹样移绘时需要放大。为正确地反映原始纹样,在放大纹样之前,应对原纹样进行细致的检查。例如将纹样对折,检查纹样边界是否互相垂直、边界处的花纹是否四方连续,否则需要校正,以保证布面花纹循环的连续。

在纹织 CAD 中,打开纹样的图像文件,然后输入经纬密度、纵横格数,纹样放大便由计算机自动执行完成。

二、勾边

勾边就是将放大到意匠纸上的纹样轮廓曲线转变为组织点曲线的过程。如果采用手工勾边,则在意匠纸上用彩笔将纹样的轮廓部分占据半格以上的小方格涂满,而不足半格的不涂色。

在纹织 CAD 中,勾边这一过程由计算机自动完成,为了使轮廓曲线更加完美,以及使勾边符合一定要求,勾边后必须经过一定的修正。

勾边时,不仅要考虑曲线的圆滑自如,还要考虑地组织和装造等因素,以保证织物纹样轮廓清晰、正确。勾边可分为自由勾边、平纹勾边、变化勾边三种。

1. 自由勾边

当纹织物的地组织为斜纹、缎纹或其他变化组织,以及不采用跨把吊装造时,其勾边不受任何条件限制,只需将纹样轮廓勾得圆滑即可(图 4 - 2)。

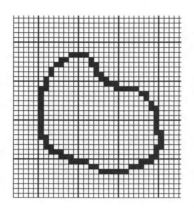

图4-2　自由勾边

2. 平纹勾边

当纹织物的地组织为平纹时,为了避免纹样变形,勾边时要与平纹相配合(一般情况下,不论采用正织还是反织,平纹组织在意匠图中均为单起平纹)。平纹勾边又可分为以下两种:

(1)单起平纹勾边

当织物在平纹地上起经浮长占优的经花时,应使用单起平纹勾边的方法。所谓单起平纹勾边就是指勾边的起始点一定是位于奇数纵格和奇数横格(或偶数纵格和偶数横格)相交的意匠格中,也就是俗称的逢单点单或逢双点双。首先确定纹样轮廓的起始点,在此后的勾边过程中,纵横向的过渡均为奇数(即勾边的落点一定在奇数纵格和奇数横格或偶数纵格和偶数横格相交的意匠格中),使得纹样的经浮长与地组织的纬浮点相交,从而避免了由于经浮长的延伸而造成纹样轮廓的变形。图4-3(a)所示为单起平纹勾边。

(2)双起平纹勾边

当织物在平纹地上起纬浮长占优的纬花时,应使用双起平纹勾边。所谓双起平纹勾边就是指勾边的起始点一定是位于奇数纵格和偶数横格(或偶数纵格和奇数横格)相交的意匠格中,也就是俗称的逢单点双或逢双点单。首先确定纹样轮廓的起始点,在以后的勾边过程中,纵横向的过渡均为奇数,使得纹样的纬浮长与地组织的经浮点相交,从而避免了由于纬浮长的延伸而造成纹样轮廓的变形。图4-3(b)所示为双起平纹勾边。

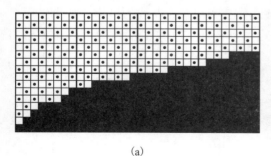
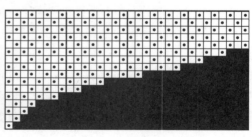

(a)　　　　　　　　　　　　　　　　(b)

图4-3　平纹勾边

3. 变化勾边

由于跨把吊、大小造等装造及某些组织结构的需要,在意匠图勾边时,纵横格数的过渡有一定要求,宜采用变化勾边。变化勾边的种类很多,目前常用的有双针勾边、双梭勾边、双梭双针勾边、多针多梭勾边等。

(1)双针勾边

勾边时,横向以1和2及3和4纵格为双格过渡单位,纵向横格可以自由过渡(图4-4)。

(2)双梭勾边

勾边时,纵向以1和2及3和4横格为双梭过渡单位,横向纵格可自由过渡,适用于$\frac{2}{2}$经重平及表里纬之比为2:1的重纬组织(图4-5)。

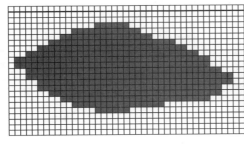 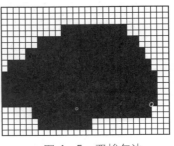

图4-4　双针勾边　　　　　　图4-5　双梭勾边

(3)双梭双针勾边

纵横向均为偶数过渡,适用于方平组织等(图4-6)。

(4)多针多梭勾边

适用于表里经纬之比为3:1或大于3:1的织物,或循环数大于或等于3的透孔组织、纱罗组织织物,以及其他要求的织物。

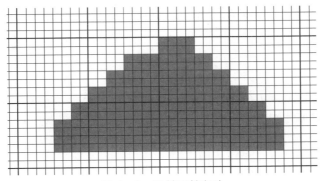

图4-6　双针双梭勾边

勾边时,需注意下列事项:

①单起平纹勾边适用于平纹地上起经花(正织)及平纹地上起纬花(反织)的织物,双起平纹勾边适用于平纹地上起纬花(正织)及平纹地上起经花(反织)的织物。

②装造类型影响勾边时的针数过渡。如经二重纹织物、双层纹织物,单造上机应双针(纵向双格)过渡,双造上机应单针过渡;双把吊顺穿应单针过渡,双把吊跨把吊应双针过渡。③纬向分格不同影响勾边时的梭数过渡。如纬二重纹织物,一格轧一张纹板的分格应双梭过渡(纵向两个横格),一格轧两张纹板的分格应单梭过渡。

④两种相邻接触的组织必有主次之分,勾边时应服从主要组织的勾边要求。如双层或重组织织物,同一系统的纱线形成两种组织,要考虑有无平织因素,从而决定是否平织勾边。

⑤对于不同组织的配合,应考虑很多因素。如平纹地、方平花勾边时,无论采用单起、双起平纹勾边或双针、双梭勾边,均会在花部边缘造成3个浮点的浮线而形成疵病,如图4-7(a)所示。若采用骑跨针、骑跨梭过渡勾边,则能较好地解决上述问题,如图4-7(b)所示。

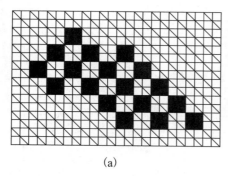
(a)

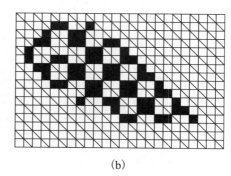
(b)

图4-7　不同组织的配合

三、设色与平涂

勾边前必须将各种纹样的颜色进行设定,称为设色;对意匠图中的纹样完成勾边后,必须将纹样轮廓所包围的部分,用勾边时采用的相同颜色涂满,称为平涂。意匠图上的各种颜色只是代表不同的组织结构,所用颜色要求色界分明。

若花、地采用不同组织,意匠图上则需用不同颜色进行涂绘,织物组织越复杂,意匠图上的色彩越丰富。

四、点间丝

在平涂的纹样块面上加上组织点,以限制过长的经纱或纬纱浮长,这种组织点称为间丝点。当经浮长过长时加纬间丝点;反之,纬浮长过长时加经间丝点。间丝点除限制经纬纱浮长外,还能增强织物牢度,提高纹样的明暗效果。

间丝一般分为平切、活切、花切三种。

(1)平切间丝

在意匠图上采用斜纹、缎纹或其他有规律的组织作为间丝组织,称为平切间丝,如图4-8(a)所示。它具有纵横兼顾的作用,即对经纬浮长都起限制作用,因此在单层及重经、双层纹织物中应用较多;在重纬纹织物中,纹样面积较大时也可应用。

(2)活切间丝(又称自由间丝或顺势间丝)

在意匠图上依顺花叶脉络或动物的体形姿态点成间丝。这种间丝方法,既切断了长浮纱线,又表现了纹样形态,但一般只能切断单一方向的浮长,因此大多应用于重纬纹织物,单层及重经纹织物中也有少量应用。如图4-8(b)所示,其间丝点主要切断纬浮长。

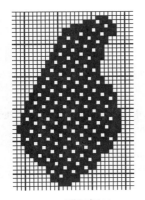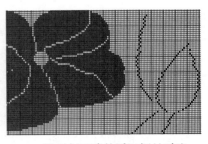

（a）平切间丝 　　　　　（b）活切间丝 　　　　（c）错误与正确的活切间丝对比

图4-8　平切间丝与活切间丝

（3）花切间丝（又称花式间丝）

在意匠图上根据纹样的形状、块面大小等情况，将间丝设计成各种曲线或几何图形。这样不仅能起到截断浮长的作用，还能使纹样形态变化多样。花切间丝常以人字斜纹、菱形斜纹、曲线斜纹等斜纹变化组织为基础（图4-9）。

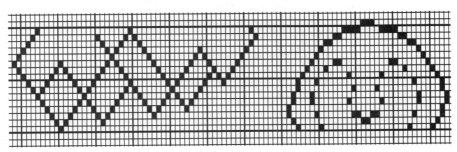

图4-9　花切间丝

点间丝时应该注意下列事项：

①单层织物的间丝应该纵横兼顾，经纬浮长都要考虑；重经织物中的经花点间丝时只需考虑经浮长，重纬织物中的纬花点间丝时只需考虑纬浮长。

②对于里组织为平纹的重经或重纬织物，点间丝时要配合平纹组织，以防止平纹露底。一般来说，经间丝点应该逢单点单或逢双点双，纬间丝点应该逢单点双或逢双点单。

③自由间丝和花切间丝在意匠图中要全部点出，平切间丝可以省略，在纹板轧法中说明即可。

④纹样边缘的平切间丝点一般可不点，以增加纹样轮廓的肥亮饱满度，俗称抛边，抛边一般为1~3格。

⑤纱线浮长与纹样光泽、织物牢度有关，必须两者兼顾。纹织物上，经、纬纱的最大浮长一般为3 mm左右。根据产品的经纬密度、组织结构和装造情况，可将最大浮长换算成间丝点在意匠图上相距的纵、横格数，其计算方法如下：

间丝点最大纵格数＝织物的最大纬浮长×成品经密/（把吊数×分造数）

间丝点最大横格数＝织物的最大经浮长×成品纬密/纬重数

五、阴影组织设计

对于某些具有亮度由明到暗的层次变化的纹样,如受光照的花瓣、树叶、动物羽毛,可通过阴影组织来表达,使纹样生动活泼地显示在织物上。阴影组织可以分为两种:影光和泥地。

1. 影光组织

定义:以缎纹或斜纹组织为基础,将组织从经面逐步过渡到纬面或从纬面逐步过渡到经面。

作用特点:由于组织点浮长的变化,产生不同的反光效应,从而具有影光效果。

种类:直丝影光、横丝影光。直丝影光适用于经花,横丝影光适用于纬花。图 4 - 10 所示为直丝影光,图 4 - 11 所示为横丝影光。

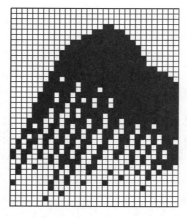

图 4 - 10 直丝影光

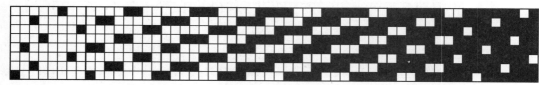

图 4 - 11 横丝影光

影光组织的设计如下:

(1)斜纹组织的影光组织

即以纬面斜纹组织为基本组织,逐渐加强其组织点,由纬面斜纹组织逐渐过渡为经面斜纹组织的变化影光组织;其中有经向加强和纬向加强两种不同的变化方法,图 4 - 12 所示为斜纹组织的纬向加强的影光组织。

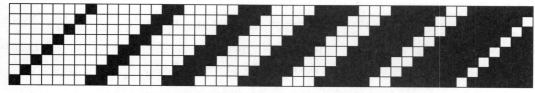

图 4 - 12 以斜纹为基础的纬向加强的影光组织

（2）缎纹组织的影光组织

即以纬面缎纹组织为基本组织，逐渐加强其组织点，由纬面缎纹组织逐渐过渡到经面缎纹组织的变化影光组织；有经向加强和纬向加强两种不同的变化方法，绘图时可根据织物的需要选用，图4-11所示为以纬面缎纹组织为基础的纬向加强的影光组织。

2．泥地组织

定义：泥地与影光略有不同，泥地没有一定的基础组织，而是通过自由点绘，使组织点从密集到稀疏，呈不规则排列。

作用特点：由于长短不一的纱线浮长线相间排列，织物表面对光线形成不同角度和亮度的漫反射，使纹样形态别具一格。

泥地组织的设计如下：

（1）冰块泥地组织

这种泥地组织好像大小不同的冰块，冰块由小到大逐渐过渡而产生阴影效果，其组织没有规律可循，只要保持阴影过渡均匀、经纬浮长基本一致（图4-13）。

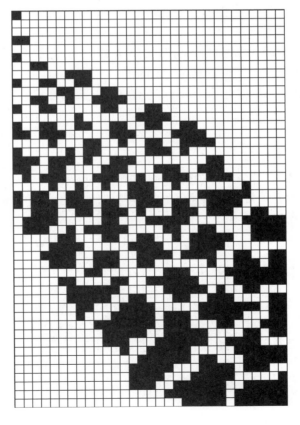

图4-13　冰块泥地组织

（2）碎泥地组织

碎泥地组织由不规则的点子、小块，通过不规则的疏密相间排列而成，其阴影效果是由于经纬浮长长短不一所产生的漫反射而达到的（图4-14）。

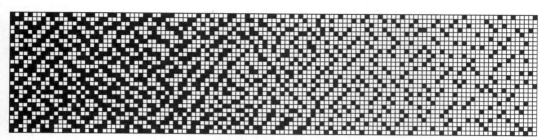

图 4-14　碎泥地组织

六、花、地组织处理

意匠图上绘花、地组织时,可分下列几种情况:

①手工绘制意匠图时,若组织循环数小于 16 且为 16 的约数,如平纹、$\frac{1}{3}$ 斜纹、8 枚及 16 枚缎纹,意匠图上可不点出组织,只需在纹板轧法说明中说明组织的轧法;对于组织循环数大于 16 的复杂组织或组织循环数小于 16 且不为 16 的约数的组织,以及泥地或变化组织等,必须在意匠图上全部点出。

②采用纹织 CAD 编辑意匠图时,织物的花、地组织均可以铺在意匠图上,也可以不铺在意匠图上,用不同的颜色分别代表不同的组织即可。

③当组织由棒刀织制时,意匠图上就不能点出组织,只需在纹板轧法说明中说明辅助纹针棒刀针的轧法。

七、建立纬纱排列

在意匠图绘制完成后,应确定纬纱排列比,以确定纬纱组数、一横格轧几张纹板、抛道信息等。图 4-15 所示为五种常用纬纱比例的纬纱排列信息图,其中:(a)为一组纬纱;(b)为甲纬:乙纬=1:1;(c)为甲纬:乙纬=2:1;(d)为甲纬:乙纬:丙纬=1:1:1;(e)为甲纬:乙纬:丙纬=2:1:1。

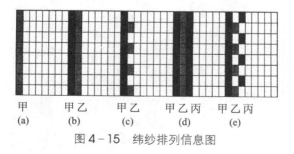

图 4-15　纬纱排列信息图

八、编制纹板轧法说明

意匠图是纹板轧孔的依据。意匠图绘制后,必须编制纹板轧法,以指导轧纹板工作。在纹织 CAD 中,轧法说明采用"组织表法";手工绘制意匠图时,轧法说明一般采用图示法、文字说明法等。轧法说明包括两个部分,即主纹针轧法、辅助纹针轧法(表 4-1,表 4-2)。

表 4-1　主纹针轧法表

前造轧法说明				后造轧法说明			
主纹针	甲纬	乙纬	丙纬	主纹针	甲纬	乙纬	丙纬
颜色 1	组织 A11	组织 A12	组织 A13	颜色 1	组织 B11	组织 B12	组织 B13
颜色 2	组织 A21	组织 A22	组织 A23	颜色 2	组织 B21	组织 B22	组织 B23
……	……	……	……	……	……	……	……

表 4-2　辅助针轧法表

辅助针	甲纬	乙纬	丙纬	辅助针	甲纬	乙纬	丙纬
边针	组织 C11	组织 C12	组织 C13	停撬针	组织 C41	组织 C42	组织 C43
选纬针	组织 C21	组织 C22	组织 C23	棒刀针	组织 C51	组织 C52	组织 C53
梭箱针	组织 C31	组织 C32	组织 C33	-	-	-	-

　　在主纹针轧法说明中,应表示出各造纹针各组纬纱在不同颜色下的轧法。第 1 行表示纬纱组数(如甲纬、乙纬、丙纬……),第 1 列表示意匠图中的所有颜色(如黄色、蓝色、空白……),在表格内填入所需轧法。若为多造,则一造采用一张主纹针轧法说明。表 4-1 表示前后造主纹针轧法说明。

　　在辅助针轧法说明里,应表示出各组纬纱的各种辅助针的轧法。第 1 行表示纬纱组数(如甲纬、乙纬、丙纬……),第 1 列表示所使用的辅助针(如边针、选纬针、梭箱针、停撬针、棒刀针……),在表格内填入所需轧法。

　　在轧法说明表格中填入的组织,可以是组织图,也可以是组织图的代号。用代号填入的组织图,都必须事先在组织库中备案,纹织 CAD 才能调用。

　　绘制意匠图的注意事项如下:

　　①意匠图绘制是一项细致而复杂的工作,也是一项技术与艺术相结合的工作,与纹织物的设计效果关系很大,因此必须认真对待。

　　②纹织物的种类很多,意匠图绘制时必须了解所设计品种的组织结构、装造方法、纹样特点,然后决定绘制方法。

　　③绘制意匠图前,要先确定织物是正织还是反织,这与勾边和间丝要求有关系。

　　④意匠图绘好后,要检查上下、左右纹样的衔接,尤其在分块绘画时更需注意,以免造成纹样破碎。

九、纹板制作

　　纹板轧孔又叫轧花,也就是根据意匠图和织物的花、地组织,以及辅助针的升降规律,在纹板上进行轧孔的一项工作。提花机上的纹针是否提升,就是根据纹板中有孔无孔来确定的。当纹板上有孔时,其对应的纹针提升(即经纱提升);当纹板上无孔时,其对应的纹针不提升(即经纱不提升)。每转换一块纹板就形成一次梭口,即投入一根纬纱。纹板的轧孔是在专门的轧孔机上进行的。

纹板轧孔机有手工轧孔机和自动轧孔机之分,我国普遍使用自动纹板轧孔机。

老式的手工纹板轧孔机,是由操作者根据意匠图上的经浮点,用手直接在纹板上轧孔。这种轧孔方式现已基本淘汰,取而代之的是自动纹板轧(冲)孔机。

自动纹板轧孔机将纹织 CAD 编辑的后缀名为"WB"的纹板文件输入自动纹板轧孔机的电脑,然后运行纹板冲孔的执行程序,利用处理好的纹板文件,轧孔机即自动轧出纸板。

第三节 纹织 CAD 编辑意匠图

一、纹织 CAD 编辑意匠图概述

1. 纹织 CAD 简介

利用计算机进行意匠绘画和纹板轧孔的系统称为纹织 CAD。采用纹织 CAD 进行意匠绘画和生成纹板,极大地提高了工作效率,故目前绝大部分的提花织物生产厂家均采用纹织 CAD 系统。

纹织 CAD 系统主要包括三个方面:图像输入、图像与工艺处理、纹板输出。图像输入是指将纹样输入纹织 CAD 系统;图像与工艺处理是指图像的设计、编辑、色彩管理、纹织工艺处理等;纹板输出是指将纹板信息输出至电子提花机或纹板轧孔机。

2. 纹织 CAD 的主要功能

(1)纹样与规格的输入功能

①纹样的输入:在纹织 CAD 系统中,纹样的输入有四种方法。第一种方法是把纹样画在纸上,然后通过扫描仪、数码照相机输入纹织 CAD 系统;第二种方法是通过常用的图形设计软件进行纹样设计,然后输入纹织 CAD 系统;第三种方法是采用现有的图像文件,输入纹织 CAD 系统,再根据需要进行修改,纹织 CAD 系统一般都支持 BMP、PSD、TIF、JPG 等常用图像文件格式;第四种方法是直接利用纹织 CAD 进行纹样设计。

②规格的输入:规格的输入包括经纱密度、纬纱密度、意匠图纵格数、意匠图横格数等内容。

$$经纱密度 = \frac{表经经密}{把吊数}$$

$$纬纱密度 = 表纬纬密$$

$$意匠图纵格数 = 纹针数(一造纹针数、大造纹针数)$$

$$意匠图横格数 = 纹样长 \times 表纬纬密$$

输入这些规格参数以后,纹织 CAD 系统会自动形成意匠图的规格和大小。

(2)纹样或意匠图的设计编辑功能

①画笔功能:可进行任意线条的描绘(颜色可任选,画笔的纵向或横向粗细可分别任意

调节）。

②线段功能：可描绘直线、曲线。

③块面功能：可描绘空心圆、实心圆、椭圆、正方形、矩形、正多边形和任意多边形等。

④喷枪功能：可喷出泥地组织点，进行纹样的泥地处理。喷绘泥地的范围、点数可进行调节。

⑤影光功能：可设计影光组织，进行纹样的影光处理。喷绘影光的范围、组织可进行调节。

⑥缩放功能：可对图像进行放大、缩小，利于图像的设计、修改。

⑦恢复功能：可在图像编辑过程中，将前面的错误工作取消，并回到错误发生前的状态，恢复次数可自定。

⑧裁剪、拼接、叠加功能：可将多余的或不需要的部分图像裁去，也可对多个图像进行拼接或在一个图像上叠加另外一个图像。

⑨旋转、翻转功能：可对图像的局部或全部进行任意角度的旋转处理，可对图像的局部或全部进行上下翻转、左右翻转、对角翻转的处理。

⑩移动、复制功能：可对图像的局部进行移动或复制到其他场所。

⑪接回头功能：提供上下接、左右接、对角接的平接与任意位置跳接，以及检查二方、四方连续纹样的边界连续情况。

⑫文字处理功能：能输入各种字体和字号的文字（含中、英文等），并能进行艺术处理。

⑬色彩管理功能：可对意匠图的全范围进行填色、换色，也可在选定的范围内进行填色或换色处理。

⑭去杂色功能：去除意匠图上的游离杂色点，去除杂色点的大小可以调节。

⑮增减色：增加需要的颜色或去除不需要的颜色。

⑯透明色：经过透明色处理，在进行图像复制时，这些颜色将不会被复制。

⑰保护色：经过保护色处理，在进行画点、填色等图像编辑时，这些颜色将不会被覆盖。

（3）意匠图的工艺设计编辑功能

①包边功能：在意匠图上，可根据需要对纹样进行内包边、外包边，以增加纹样轮廓的清晰度和织物的层次感。在包边处理时，可进行上、下、左、右四个方向的单独包边，也可任意组合进行包边，包边的粗细可调节。

②勾边功能：根据勾边要求，可在意匠图上对纹样进行单起平纹勾边、双起平纹勾边、双针勾边、双梭勾边、多针多梭勾边等处理。

③间丝设计功能：可以在意匠图上进行平切间丝、活切间丝、花切间丝的设计。

④组织设置功能：可以设计规则组织和不规则组织，并对组织命名，以组织文件名的形式存入纹织 CAD 系统的组织库。

⑤铺组织功能：可以根据需要，以一种颜色表示一种组织的对应关系，将组织铺设在意匠图的对应色块上。

⑥生成投梭功能：纹织 CAD 系统是通过生成投梭的功能来建立纬纱排列信息的，包括纬纱排列比、纬纱组数（几个系统）、抛道信息等。

（4）生成纹板的功能

①建立样卡：纹织 CAD 系统可以根据纹板样卡设计的要求和提花机的类型、规格，确定主纹针的针数及其位置，并对边针、选纬针（梭箱针）、停撬针、棒刀针等辅助针的位置及针数进行确定。

②建立纹板轧法说明：在纹织 CAD 系统中，纹板轧法说明根据已经设计好的样卡（包括各种主纹针、辅助纹针信息）、意匠图的颜色、意匠图中的投梭文件来设置组织表或组织配置表、辅助针表，再通过组织表或组织配置、辅助针表来确定主纹针轧法、辅助纹针轧法。

③制作纹板文件：纹织 CAD 系统可以根据意匠图、投梭、样卡等文件信息和组织表（或组织配置表）、辅助针表等内容，将意匠图转化为有一定格式的提花机纹板文件（不同提花机的纹板文件格式不相同，如传统提花机的文件格式为 WB，史陶比尔提花机的文件格式为 JC3、JC4、JC5，博纳斯提花机的文件格式为 EP，等等）。

④纹板文件的输出：纹织 CAD 系统可以将制作好的纹板文件输出。对于电子提花机，只需将纹织 CAD 制作的纹板文件拷贝至电子提花机的控制箱中。对于普通纹板提花机、连续纹板提花机，则将纹织 CAD 制作的纹板文件拷贝至控制纹板冲孔机的电脑中，再利用冲孔机自动轧制纹板。

3. 纹织 CAD 的一般应用流程

各种提花织物虽然各有不同，但纹织 CAD 的应用流程是基本相同的。

（1）确定纹样大小

首先确定提花织物纹样的经纱和纬纱，然后确定经向循环宽度（cm）、纬向循环宽度（cm），即确定提花织物的花回大小。

（2）确立纹样经纬纱数

确定提花织物纹样的经纱密度（根/cm）和纬纱密度（根/cm）。

（3）将纹样放入扫描仪

如果需要扫描输入，则将提花织物的纹样（布样、画稿等），按经纱垂直水平的方向，正面朝下放入扫描仪。

扫描范围就是提花织物的花回大小。如果花回太大，不能一次完成扫描，就需要将纹样分为若干个部分，依次扫描，最后将扫描的若干幅图稿拼接在一起。

（4）选色、分色

图像扫描后，对图像进行选色，然后对扫描图样进行分色，点"分色功能"即可，软件会自动根据所选色进行分色。

（5）拼接

如果图像分多次扫描，点"拼接"功能，先将这些图像拼接在一起。

（6）设置小样参数

打开"小样参数设置"对话框，填入经纱密度、纬纱密度、经纱数、纬纱数这四个参数，其余的参数不用修改。

经纱数＝经纱密度×纹样花回宽度

纬纱数＝纬纱密度×纹样花回高度

（7）保存文件

设定提花织物的小样参数后，就可以将初稿进行存盘，点击"保存文件"，文件即保存在指定的文件夹中。

（8）修改图稿

保存文件之后就可以对图稿进行修改。修改时，可以充分利用绘图项中的相关工具对图样进行修改。修改时是以织物中组织的种类来区分颜色的，简而言之，就是织物中的一种组织用一种颜色表示，织物有多少种组织，在最后的图样文件中就有多少种颜色。

（9）组织分析

画好图稿之后，应认真分析织物的每一种组织。可以将分析出的组织保存在 CAD 的组织库中。

（10）铺组织

将组织铺入小样中，也可以不铺，在组织表中直接填入组织文件名。

（11）生成投梭与保存投梭

即根据提花织物的纬纱情况来确定投梭，然后将投梭保存。

（12）填组织表

根据织物的组织和意匠的颜色填写组织表。

（13）建立样卡

即根据织造当前织物的提花龙头的纹针吊挂形式建立样卡。

（14）填辅助组织表

即根据样卡中的辅助针，在辅助组织表中填出这些辅助针的组织。

（15）生成纹板

根据提花织物的类型和织机装造情况、提花龙头型号来选择最后需要的纹板文件类型，处理后即可以得到生产所需要的纹板文件。

（16）纹板检查

就是对最后所得的纹板文件进行检查。如果处理的是 WB 文件，可以利用"纹板检查"功能，分别检查单块的纹板；如果是其他类型的文件，则可以打开具体的文件类型来检查整体的纹板文件。

二、纹织 CAD 编辑意匠图的操作功能

下面介绍浙大经纬公司的纹织 CAD 系统编辑意匠图的主要操作功能：

1. 主工具栏功能

（1）打开（Ctrl+O）

用于打开文件类型组合框中的意匠文件和 BMP、PSD、TIF、JPG 格式的图形文件等。操作时，点此按钮，弹出"打开文件"对话框，在文件类型组合框中选择文件类型，再在文件列表中选择要打开的文件，左键点击，再点"打开"按钮即可。

（2）打开纹板

用于打开文件类型组合框中的各种单块纹板、连续纹板和电子纹板文件。

（3）保存（Ctrl+S）💾

用于把当前文件或位图保存到类型文件中。操作时,点此按钮,如果意匠图是新创建的,将弹出"标准存盘"对话框,选择文件路径并输入文件名后,点"保存"按钮即可。如果意匠图已保存过,再次保存,将不弹出对话框而直接保存至原文件。意匠图保存路径为："C：\ZDJW\YJ\"。

（4）恢复（Ctrl+Z）↩

在图像的设计、修改过程中,若有误操作或不满意,可对图像进行恢复、再恢复处理。

（5）文件恢复 🏛

用于从最后保存的文件中恢复图像。操作时,点此按扭,然后在意匠图上框定矩形选区,则从最后保存的文件中恢复选区内的图像,可选择"局部恢复""全局恢复""其他文件恢复"等功能按钮。

（6）局部选择 ▢

需要时,用鼠标拉出矩形框,用于在意匠图上确定矩形选区,再在矩形选区中进行其他的功能操作。

（7）多边形选择 ▦

用于在意匠图上确定多边形选区。操作时,用鼠标左键点击"多边形选择"功能按钮后,在意匠图上点鼠标左键并拖动,拉出多边形的边线,然后点鼠标右键,确定多边形边线的终点位置,结束用鼠标左键确定和退出该功能。

（8）意匠格 ▦

用于在放大的意匠图上显示意匠格。操作时,点此按钮,可以在意匠图上显示意匠格,意匠格颜色在右下方的特殊调色板中设定,放大倍数小时,意匠格不显示,再次点此按钮,意匠格消失。意匠格的大格大小在"系统参数设置"功能中进行设定。

（9）缩放 🔍

用于对意匠图进行缩小和放大的操作。操作时,在意匠图上左键点击即可。

2. 扫描工具栏

（1）扫描 🖨

将选定范围的布样和纹样,按照所定的分辨率进行扫描,并转换成 BMP 格式的位图文件。

（2）放大缩小 🔍

用于对位图进行缩放操作。点击鼠标左键进行位图放大;按住键盘的"Shift"键,同时点击鼠标左键进行位图缩小。

（3）裁剪 🔲

用矩形裁剪框将位图的多余部分(意匠图上多余的经纬纱)裁剪掉,系统会自动调整小样参数。操作时,单击该键,则可以校正裁剪位图;在位图上按住鼠标左键不放,移动鼠标,拉出裁剪框;按住鼠标,移动裁剪框周围的四个点,可以改变裁剪框的大小和形状;在裁剪框内双击鼠标左键可以校正裁剪位图;单击"取消"功能将去除裁剪框。

（4）手工分色 **F**

单击该按钮,可以进行手工取色。在位图的相应位置单击鼠标,则当前点的位图颜色放入调色板;如果调色板中已经有该颜色,则不执行;在位图上按住鼠标不放,移动鼠标,再放开鼠标,则拉出的矩形框所包围的点的颜色,经过平均运算后得到的颜色将加入调色板。

（5）自动分色

①单击该功能按钮,弹出"自动分色"对话框（图4-16）。

图4-16　自动分色

②在"分色数"一栏中,输入需要将位图分成的颜色数,再单击"确定"按钮,将得到相同颜色数的调色板。

（6）新建

位图分色后使用这个功能,可将位图文件转换成意匠文件;绘图时使用这个功能,输入意匠参数(经纱数、纬纱数、经纱密度、纬纱密度)后,可新建一个空白意匠文件。操作时,单击该按钮,弹出"意匠设置"对话框。在这个对话框中,设置生成意匠文件的经纱数、纬纱数、织物经密、织物纬密、分色起始号,其中分色起始号指位图生成意匠时所分的颜色在意匠调色板上的起始位置。

3. 绘图工具栏

（1）切换

用于绘图工具栏、工艺工具栏、纹板工具栏等各工具栏之间的切换。

（2）自由笔

取色后,按左键可绘制任何形状的轮廓线或修改图形。操作时可调整自由笔的粗细。

（3）勾轮廓

用于绘制图案的轮廓曲线。单击鼠标左键,即出现一个红色小方框,每三个方框可连成一条曲线。操作过程中,按住"Ctrl"键的同时,把光标移到红色小方框上,再按住鼠标左键并拖动,可以随意调整轮廓线的位置。操作结束时,单击鼠标右键即可。

（4）画矩形 ▢

可画出各种矩形图形。操作时,点中"填充"复选项,则画实心矩形,反之画空心矩形;点中"同中心"复选项,画的矩形是以第一次左键点击点为中心的矩形;点中"实物正方"复选项,画的矩形为实物状态下的正方形;点中"经纬固定比例"复选项,再设置比例数,画的矩形为长宽固定比例的矩形。画矩形时,按住"Ctrl"键,画矩形效果同点中"经纬固定比例"选项;按住"Shift"键,画矩形效果同点中"同中心"选项。

（5）画椭圆 ⬭

可画出各种椭圆图形。操作时,点中"填充"复选项,则画实心椭圆,反之画空心椭圆;点中"同中心"复选项,可在同一个中心画多个椭圆;若要画实心的同心圆,则需保护圆心的颜色;点中"实物正圆"复选项,画的椭圆为实物状态下的正圆形;点中"经纬固定比例"复选项,再设置比例数,画的椭圆为长宽固定比例的椭圆。画椭圆时,按住"Ctrl"键,画椭圆效果同点中"经纬固定比例"选项;按住"Shift"键,画椭圆效果同点中"同中心"选项。

（6）画正多边形 ⬡

可画出正多边形图形。操作时,设置"边数"可以改变正多边形的边数;选中"填充"复选项,则画实心正多边形,反之画空心正多边形;选中"特殊角度"复选项,画的正多边形保持有一边(星形为相邻顶点的连线)为垂直或水平;选中"实物正多边形"复选项,画的正多边形为实物状态下的正多边形;选中"星形"复选项,再设置"星角",画的是顶点为"边数"设定值的星形,每个顶点上的角度为星角设定值。画正多边形时,按住"Ctrl"键,画正多边形效果同点中"实物正多边形"选项;按住"Shift"键,画正多边形效果同点中"特殊角度"选项。

（7）画任意多边形 ▱

可画出各种多边形图形。操作时,点中"闭合"复选项,画多边形结束时,程序自动将多边形闭合;点中"填充"复选项,画的多边形为实心多边形。在操作过程中,先用左键定起点,再点击右键画线,如此反复,直至画出所有顶点,最后用鼠标左键确定。

（8）橡皮筋 ✎

可画出各种图案的轮廓或进行意匠图的自由勾边。操作时,用左键画两点成一直线,在直线上任一处拖动鼠标,可将直线变为曲线,可连续操作,若设置"闭合",点击右键即可;选中"填充"复选项,画曲线结束时,程序将自动闭合曲线,并将曲线内区域填充为前景色。

（9）喷枪功能 ✧

可以喷出泥地的组织点。操作时,设置"纬向高"和"经向宽",可以改变喷枪点的范围;设置"点数",可以设定喷枪点的密度;使用"经向浮长""纬向浮长"按钮,可以设置允许连续的最大组织点;使用"颜色数"按钮,可以调整喷枪点的颜色数,喷枪点的颜色数是以前景色为起点的连续几个色。

（10）填充 ⬗

用于对意匠图进行设色和换色。操作时,选中"换色"单选项,将选区内与鼠标点击处颜色相同的所有颜色块换为前景色;选中"表面填充"单选项,将与鼠标点击处颜色相同的相连闭合区域变为前景色;选中"边界填充"单选项,先将边界颜色(一个或多个)"保护",再在需填充的区域内单击左键,程序将以此为中心,将所有颜色换为前景色,直至遇到边界颜色时停止;选中"轮廓填充"单选项,填充时和自由笔的操作相似,用左键勾勒轮廓,再点左键,程序将封闭轮廓,并用前景色填充轮廓内部。

(11)降噪(去杂点)

用来去除意匠图上的小杂点。操作时,设定"相邻点数",确定需要去除杂点的大小;点中"所有杂点"复选项,在降噪处理过程中将去除所有的大小符合"相邻点数"的杂点(不论颜色)。

(12)包边

用来对意匠图上的纹样轮廓进行包边,有利于纹样轮廓的清晰和饱满,增加织物的层次感。操作时,点中"上边""下边""左边""右边"复选项,包边时将对指定方向进行包边;点中"向内""向外"单选项,包边时将按指定项进行处理;设定"经向针数"和"纬向针数",可以改变包边的宽度和高度;"圆滑搭针"复选项是在全范围向外包边时设置的,选中时,包边将在角点处进行特殊处理,使过渡尽量圆滑。包边时,左键点击需包边的颜色块即可(有选区时,操作局限于选区内;无选区时,进行全范围操作)。

(13)勾边

用于对意匠图进行各种勾边。操作时,设定"经向针数"和"纬向针数",可以改变勾边的宽度和高度;设定"经向循环偏移"和"纬向循环偏移",可以改变勾边的起始位置;点中"平纹"复选项,设定"单起"或"双起"单选项,勾边将按平纹规律进行。

(14)平移拷贝

用于对图像的局部进行移动或复制到其他地方。操作时,按"选择"项,决定拷贝时图像的翻转方向;点中"留底"复选项,平移拷贝后原选区域内图像不变,不选则拷贝后原选区域内填充背景色;点中"接回头"复选项,拷贝时图像在意匠四边时自动接回头处理。拷贝时,在选区内点击右键,然后放开,拖动鼠标至欲拷贝位置,点击左键,重复上一步骤,结束时点击右键(最后一个拷贝位置)即可(无选区时,此按钮无效)。

(15)旋转

用于对图像的局部或全部进行任意角度的旋转处理。操作时,在"旋转中心"的后五个单选项中任选一个,决定旋转的中心点;点中"实物旋转"复选项,旋转后保持旋转图像在实物状态下不变形(经密和纬密要设置正确);设置"间隔角度"(角度为正值,顺时针转;角度为负值,逆时针转)和"旋转次数",再点中"旋转",程序将选区内图像按间隔角度旋转多次;若要任意旋转,在选区内点击,按住左键并拖动鼠标,使图像旋转至合适位置后放开左键即可。

(16)翻转

对图像的局部或全部进行上下翻转、左右翻转、对角翻转处理。操作时,先在位图上选取要翻转的范围,单击此按钮,进入该功能。直接点击"左右翻转""上下翻转"或"对角翻转",就可直接翻转选区内的图案(多边形选区也适用)。如设置了经向针数和纬向针数,则可以进行指定针数的成组翻转。有选区时,操作局限于选区内;无选区时,则进行全范围操作。"斜对称翻转"选区必须经纬纱相等,否则此按钮无效。

（17）接回头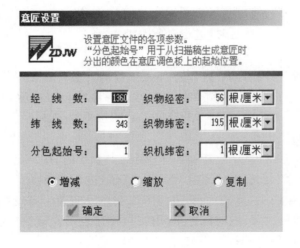

用于对意匠图进行上下接、左右接、对角接的平接与任意位置的跳接,以及检查意匠图的二方、四方连续图案的边界连续情况。操作时,点中"上下固定"单选项,接回头时将按上下中心线进行接回头;点中"左右固定"单选项,接回头时将按左右中心线进行接回头;点中"上下任意"单选项,接回头时将以点击点为上下分界线进行接回头;点中"左右任意"单选项,接回头时将以点击点为左右分界线进行接回头;点中"四方接回头"单选项,接回头时将左右上下同时进行接回头;点中"跳接"单选项,接回头时将按跳接顺序接回头。

4. 工艺工具栏

（1）重设意匠

点击"意匠设置"功能键,出现图4-17所示的对话框。输入要重设意匠的一些参数,可以对意匠图大小和规格进行调整。

图 4-17　重设意匠对话框

改变"经纱数"和"纬纱数",会改变意匠图的大小;改变"织物经密"和"织物纬密",会改变各绘图工具的实物绘制状况(如实物正方、实物正圆等);改变图4-17中的"织物纬密"和"织机纬密",会改变投梭中第一梭的停撬状态;点中"增减"单选项时,只是增减经纬纱;点中"缩放"单选项时,将按比例缩放原图;点中"复制"单选项时,增加经纬纱时将原意匠图外的图形也复制到重设后的意匠中。

（2）经纬互换

根据需要直接点击"顺时针旋转"或"逆时针旋转",就可直接进行经纬互换。注意:经纬互换时,经纬密也同时互换,这时如果要恢复互换操作,应重设意匠的经纬密或直接以原来相反的方向进行经纬互换。

（3）投梭

用于根据织物的纬纱循环规律建立控制纬纱运动规律的文件。操作时,在调色板上选择投梭颜色号,1#色代表第一梭,2#色代表第二梭,3#色代表第三梭……依次类推;设置"停撬起点""停撬终点""纬密"(指织物纬密),再点击"停撬",程序将自动添加第一梭的停撬信息,可多次分段设置停撬;点中"选色修改",可以在调色板上选择已投梭颜色来修改投梭信息,否则,只能以每梭自身的颜色修改自身投梭信息;如果先进入"设置辅助针"功能,再点击"设为选纬针",可将投梭信息复制到选纬针区域。

若想清空投梭信息,可选0#色,在投梭区外左键点击即可;若要修改投梭信息,可在投梭区内,左键点击增加投梭段,右键点击减少投梭段;投梭结束时,再点此按钮,投梭被自动保存。

(4)设置辅助针

①点此按钮,将在意匠图的右边出现两块区域,第一块是投梭针区域,第二块是选纬针区域,在这两块区域内画出投梭规律和选纬规律信息即可。结束时,再点此按钮,就可以保存信息。

②在选纬框内可点击设置投梭规律。点此"设置辅助针"功能按钮,再进入"投梭"功能,在选纬框内任一处点击一次,就可将此投梭规律复制到投梭区内。

(5)配置(包括图案、字体、组织的新建和合成)

可进行图案、字体的设置和织物组织设置设计、织物组织的合成。对织物组织进行设置时,有以下功能:

①读取组织:在"组织文件名"中输入文件名,单击"读取组织"按钮,可读取该组织;或在列表框中单击某文件直接读取组织。图4-18所示为组织对话框。

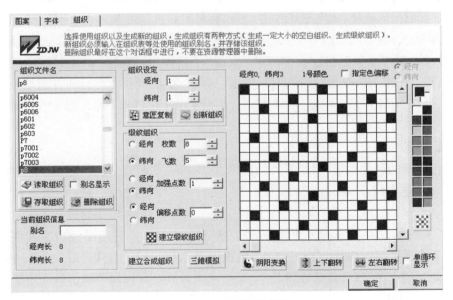

图4-18 组织对话框

②保存组织:单击"存取组织"按钮,将保存该组织文件名(组织的文件名、别名最好不超过8个字节);单击"删除组织"按钮,将删除该组织。"当前组织信息"一栏显示的是当前选中组织的别名和组织循环的纵格数和横格数。

③组织设定:输入组织循环的纵格数和横格数,然后单击"创新组织"按钮,将按设定大

小创建空白组织,再手工设置组织点。

"意匠复制"的作用是将意匠文件上的组织复制到组织库中(注意底色纬点必须是1#色)。

"缎纹组织"的作用是用于建立原组织和加强组织。

"阴阳变换"的作用是将当前组织中的经浮点变成纬浮点、纬浮点变成经浮点。

"上下翻转"的作用是按照组织的纬向循环大小,将各纬上下翻转。

"左右翻转"的作用是按照组织的经向循环大小,将各经左右翻转。

对话框右边显示的是当前显示组织的内容,红框内为一个组织循环。在右边的调色板上,可以选择不同颜色设置组织,背景色缺省为白色。

(6)铺组织▨

用于将选定的组织铺设在意匠图的某色块上。操作时,读取组织并选色,在要铺组织的颜色(指定区域内)上左键单击即可;设置"经向内"和"纬向内",将改变铺组织时的缩进宽度和高度;设置"经向浮长"和"纬向浮长",铺组织时此参数范围内将不会铺上组织点;选择"起点"后五个单选项中任意一个,将改变铺组织的起点;设置"参考组织",可以改变铺组织时所用的组织。

注意:有选区时,操作局限于选区内;无选区时,进行全范围操作。

(7)间丝▨

用于根据意匠图的间丝要求,进行平切间丝、活切间丝、花切间丝处理。操作时,点中"单起"或"双起"单选项,确定平纹种类(平纹有单起和双起之分);点中"随意间丝""画点"或"画线"单选项,确定间丝的类型;设定"排笔距",将改变间丝点的间距。进行"随意间丝"操作时:按住左键拖动鼠标(此时,"单起""双起"不起作用);点击"画点"选项,间丝点将随鼠标轨迹,按"单起"或"双起"规律铺设;点击"画线"选项,间丝点将分布在起始点和结束点的连线上,并按"单起"或"双起"规律铺设,结束时放开左键即可(此时,"排笔距"不起作用)。

(8)影光▥

可进行纹样的影光处理,喷绘影光的范围、组织可任意调节。操作时,可用"参考组织"来选定影光的基本组织;点击"经加强""纬加强"或"同时加强"选项,确定影光加强的方向。

选择"手绘",设置"经向宽"和"纬向高",将改变所画影光的范围;设置"加强点数",将改变影光的加强组织。选择"自动"选项,设置加强点数"最小"值和"最大值",画影光时,在起始点处左键点击,按住鼠标左键拖动,至结束点处放开鼠标即可画出影光组织。

(9)组织表▦

在意匠图上,颜色与组织的对应关系可用组织配置表或组织表说明。组织配置表和组织表相当于传统手工画意匠图的纹板轧法说明表。

①组织配置表功能:对话框弹出时缺省读取当前意匠文件的组织配置表,如图4-19所示的组织配置表对话框。

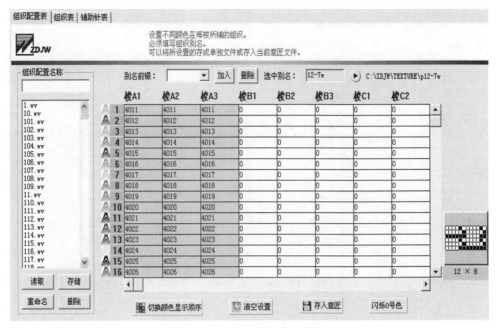

图 4-19 组织配置表对话框

配置表的纵向为所有的颜色号(除 0#色外),如果意匠图中使用了某颜色,在该颜色前将增加一个颜色标记;配置表的横向为梭数,在每个对应框中填入对应颜色在对应梭数中所使用的组织文件名或组织别名,在右下角显示的是当前对应的组织图。

单击"切换颜色显示顺序"按钮,将把所有的使用颜色显示在最前面,再单击该按钮,则按正常顺序显示。单击"清空设置"按钮,将把所有填写的组织清除为全沉组织。单击"存入意匠",将把设置的内容存入当前意匠文件。在"颜色号数"处双击,则对应的颜色在意匠图上闪烁显示。单击"闪烁 0#色",将在意匠图上闪烁显示 0#色。

对话框左边的列表显示了所有的组织配置表文件,单击列表中某一文件,或者在"组织配置名称"一栏中输入组织配置表文件名,然后单击"读取"按钮,将读取该组织配置表内容,并显示在右边;单击"存储"按钮,将把设置的内容存入"组织配置名称"一栏中显示的组织配置表文件中。

②组织表功能:点击"组织表"功能按钮时,出现如图 4-20 所示的组织表对话框。在此对话框内,把意匠图上的颜色所对应的组织文件名或组织别名填入,如单击"清空设置"按钮,将把所有填写的组织清除为全沉组织;单击"存入意匠",将把设置的内容存入当前意匠文件中。

在各颜色块上铺组织时,还需要考虑组织起点问题。在此处还可以设置这个起点,有左上角、左下角、右上角、右下角四种情况。

③辅助针表功能:辅助针表可选择"从样卡中读取"或从左边的"辅助针表名称"栏内读取。点击"辅助针表"对话框时,读取当前意匠文件的辅助针表(图 4-21),在辅助针表内填入所需要辅助针的组织文件名。

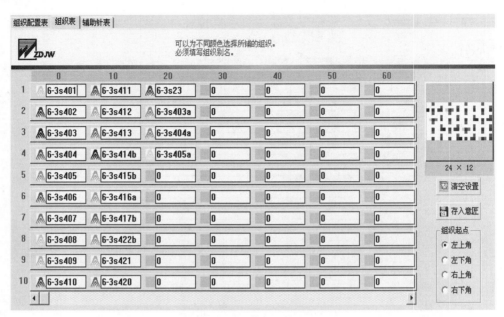

图 4-20　组织表对话框

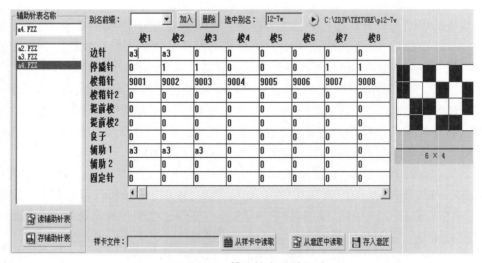

图 4-21　辅助针表对话框

辅助针表填好后可直接"存入意匠",或在左边打上辅助针表名称,点击左下方的"存辅助针表",以便日后读取。

5. 纹板工具栏

(1)生成纹板🔲

用于根据意匠、样卡、投梭和组织配置等信息生成纹板文件。操作时,单击该按钮,弹出纹板生成对话框(图 4-22)。如果利用纹织 CAD 编辑的意匠图的投梭文件、样卡文件和组织表设置、辅助针设置没有错误,则点击"生成纹板"按钮,纹织 CAD 会自动生成纹板文件。

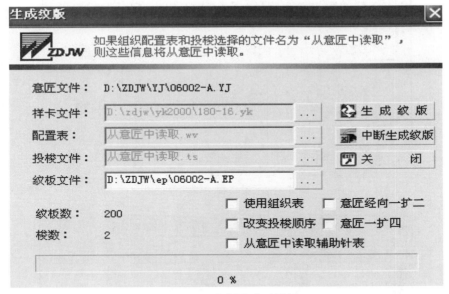

图 4-22　纹板生成对话框

①"使用组织表"复选框的作用:在"组织配置表和组织表"功能中利用组织表进行组织设置时,要选择该复选项。

②"改变投梭顺序"复选框的作用:使用该复选项,用于 1×2、1×3、1×4 梭箱……可将原甲乙甲乙走梭,改为甲乙乙甲走梭;甲乙丙甲乙丙走梭,改为甲乙乙丙丙甲走梭等。

③"意匠经向一扩二"复选框的作用:使用该复选项,则生成纹板时,每条经纱后插入一根和它完全相同的经纱。

④"意匠一扩四"复选框的作用:使用该复选项,则生成纹板时,上半部同"经向一扩二",下半部将上半部进行镜像。

⑤"从意匠中读取辅助针"复选框的作用:使用该复选项,则生成纹板时,样卡中的辅助针信息从存入意匠中的配置表中读取。

在生成纹板过程中,单击"中断生成纹板"按钮,可以中断生成纹板的过程。单击"关闭"按钮,可以关闭该对话框。

(2)打开纹板

用于打开各种类型的纹板文件。如果读取纹板时对应的样卡(如果没有对应的样卡,则为当前样卡)和纹板文件不匹配,系统将自动分析纹板文件类型,然后弹出以下对话框(图4-23)。

对话框上显示分析出的纹板文件类型,单击"修改样卡"按钮,将改变样卡;单击"读取纹板"按钮,将按照分析出的类型读取纹板。

(3)纹板存到软盘

单击该按钮,出现纹板储存对话框(图4-24)。选择文件类型,进入相应的文件夹,选中所需拷贝的纹板文件名,单击"发送"按钮即可。

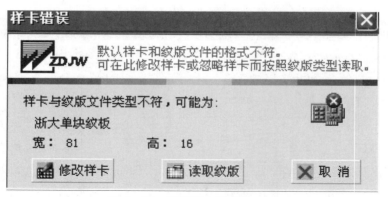

图 4 - 23　纹板样卡错误提示框

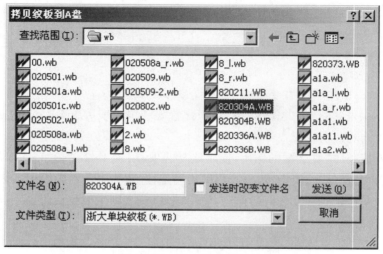

图 4 - 24　纹板储存对话框

（4）保存 🖫

单击该按钮，可以保存当前纹板文件或意匠文件。

（5）检查纹板 ▤

单击该按钮，即出现当前意匠文件对应的电子纹板或单块纹板，可移动滚动条翻看。

（6）纹板转意匠 🖼

先打开纹板文件，单击该按钮，弹出纹板转意匠对话框（图 4 - 25）。

当该纹板文件存在对应的意匠文件时，可以选中"从意匠文件中读取投梭信息"复选框；如果没有对应的意匠文件，选择正确的大提花类型和正反织，系统将自动分析投梭信息。设置完成后，点击"转换"按钮，即可生成意匠文件。

（7）样卡设置 🖳

用于对各种纹板样卡进行设计。操作时，单击该按钮，弹出样卡设置对话框（图 4 - 26）。该对话框又包括三个部分的功能："样卡""辅助针""选项"。

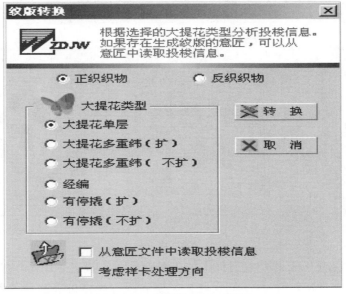

图4-25 纹版转意匠对话框

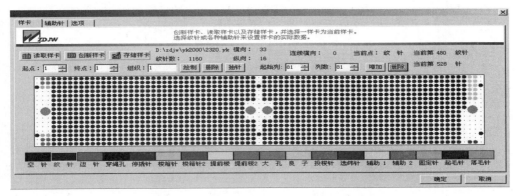

图4-26 样卡设置对话框

①第一部分"样卡":有"读取样卡"按钮、"创新样卡"按钮、"存储样卡"按钮。其中:

"读取样卡"按钮的作用:选择符合机台装造的已存入"zdjw\yk2000"目录下的样卡。

"创新样卡"按钮的作用:可创建新样卡,输入相应的样卡宽度、高度,单击"确定",即出现一张空白样卡;根据实际装造所需的纹针数和辅助针情况,单击各类型纹针对应的色块,就可以在样卡数据区用不同的颜色画上纹针和梭箱针、停撬针、边针、棒刀针等辅助针,若有画错可用空针修改。

"存储样卡"按钮的作用:将制好的新样卡取一个文件名"*.yk",保存在"zdjw\yk2000"目录下。

②第二部分"辅助针":单击"辅助针",出现一张表格(图4-27),将组织库中设置的各种辅助针组织,用组织文件名或组织别名输入,输入后"确定"。

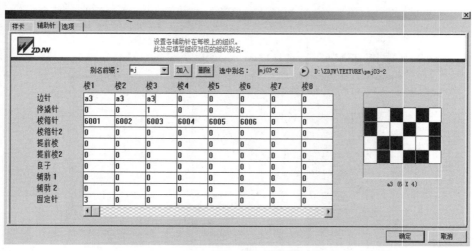

图 4-27　辅助针表

③第三部分"选项"：其作用是对样卡的各种参数进行设置。单击"选项"，出现样卡参数设置对话框（图 4-28）。根据不同提花机类型和装造规格正确选择各种参数，完成输入后"确定"。

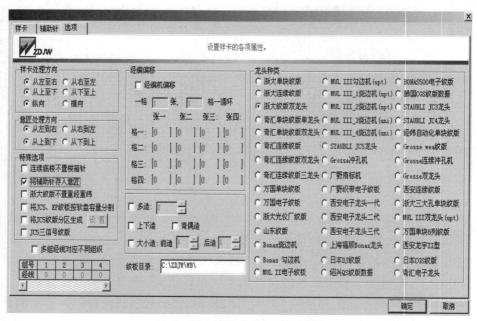

图 4-28　样卡参数设置对话框

实 践 活 动 ⟫

纹织 CAD 系统的功能训练

到纹织 CAD 的实训中心(或利用纹织 CAD),通过实际操作,进行纹织 CAD 系统的功能训练,熟练掌握并能够应用纹织 CAD 系统的以下主要功能:

(1)图案输入功能。

(2)绘图功能的各种工具(包括画直线、画曲线、画多边形、图形放大缩小、复制、接回头等工具)。

(3)意匠编辑功能(包括设色、勾边、点间丝、泥地、影光、去杂点、包边、投梭、组织配置、组织表设置等功能)。

(4)纹板生成功能(包括纹板样卡设计、辅助针设置、生成纹板、纹板打开、纹板保存和检查等功能)。

(5)其他工具功能(包括系统的参数设置、调色板颜色设置、织物模拟等功能)。

思考与练习:

1. 意匠图上的颜色表示什么意思?

2. 意匠图的规格表示什么含义?

3. 某单层纹织物,装造类型为单造单把吊,成品经密为 360 根/10 cm,成品纬密为 240 根/10 cm,确定意匠图规格。

4. 某纬二重纹织物,采用单造四把吊上机,成品经密为 480 根/10 cm,成品纬密为 320 根/10 cm,确定意匠图规格。

5. 某织物全幅为独花,独花的宽和长都为 120 cm,花纹上下左右全对称。织物成品的经纬密分别为 200 根/10 cm 和 180 根/10 cm,在 1400 口提花机上采用单把吊织造,计算意匠规格和意匠图大小。

6. 什么叫意匠的勾边?常用勾边有哪些方法?勾边有什么原则要求?

7. 自由勾边法一般用在什么情况下?

8. 在什么情况下用平纹勾边?勾边有哪些依据?

9. 什么叫单起平纹勾边?在什么情况下用单起平纹勾边?

10. 什么叫双起平纹勾边?在什么情况下用双起平纹勾边?

11. 什么叫双针勾边?在什么情况下使用双针勾边?

12. 什么叫间丝点?间丝有什么作用?间丝点有哪些种类?

13. 简述纹织 CAD 在品种设计中的优点。

14. 纹织 CAD 的规格输入包括哪些内容?

15. 纹织 CAD 的图像编辑和工艺设计有哪些功能?

16. 纹织 CAD 系统有哪些绘图操作功能?这些绘图操作功能各有什么作用?

17. 怎样在纹织 CAD 系统中进行纹板样卡设计?

18. 怎样在纹织 CAD 系统中进行织物组织设计?

19. 怎样在纹织 CAD 系统中进行意匠勾边和点间丝?

20. 简述在纹织 CAD 系统中图形拷贝的操作过程。

第五章　纹织设计项目1——单层纹织物设计

> **项目介绍**:单层纹织物是纹织物中最简单的一类,广泛应用于服用面料和家纺产品。本项目以缎纹地缎纹花的大提花台布织物设计为驱动,使学生能够认识单层纹织物的特点和设计特点,熟悉单层纹织物的设计过程,并能够进行单层纹织物的纹样设计、意匠设计和装造工艺设计。
>
> **项目任务**:完成单层纹织物的设计。
>
> **知识目标**:熟练掌握单层纹织物的生产特点和设计过程。
>
> **能力目标**:能够把所学的有关纹织的知识运用到单层纹织物的设计中。

一、项目实施流程

①品种规格设计:形成产品规格表。

②纹样设计:形成纹样设计任务,确定纹样的大小、全幅花数和纹样的结构。

③装造工艺设计:形成装造工艺单,并对装造工艺进行计算。

④意匠设计:形成意匠图和纹板信息。

二、项目实施的知识要点

1. 单层纹织物特点

单层纹织物由一组经纱和一组纬纱交织而成,织纹色彩变化单一,但织物经纬向紧度均匀,布面平整,光泽柔和,是结构最简单的提花织物。组织配置分为花地两组,常采用正反配置,地组织以平纹、斜纹、缎纹为主,花组织以不同浮长的组织,通过反衬地组织来表现织纹效果,花地组织数在10种以下,织物正反面组织呈经纬互补效应。

2. 单层纹织物设计要点

单层纹织物的设计应考虑以下因素:

当构成纹样的不同组织在结构上相差太大时,会产生织缩不一和紧度差异,增加织造难度,严重时会影响织物外观,所以纹样布局选择为散点排列,力求布局均匀。单层纹织物采用4枚、5枚、8枚等正反组织时,纹样排列较为自由。另外,在组织浮长的确定上,必须经纬兼顾,特别是绘自由间丝点时,要掌握正反面浮长均不能过大的原则。

色织单层纹织物的经纬纱颜色可以相同,也可以不同。当经纬纱采用不同颜色时,经花和纬花会呈现两种颜色,但平纹处为经纬混色,会产生闪色效应。对于某些彩条花纹的织物,经纬纱也可形成彩条排列。

单层纹织物的经纬原料可以相同,也可以不同。当原料不同时,应选用优质原料做经纱,并显示为织物的主要效应。

3. 单层纹织物装造与意匠特点

在单层纹织物意匠图上,每一个纵格代表一根纹针控制下的经纱,每一个横格代表一根纬纱的运动。单层纹织物一般采用普通装造制织,但纹针数不够时,传统织机常采用单造多把吊装造,这时首先要考察多把吊的纹针与棒刀是否能配合,因为不是所有组织都能在多把吊上形成的;电子提花机没有多把吊,所以只有纹针数较大的提花机才能织制。

三、项目实施的实例——缎纹地缎纹花的大提花台布织物设计

1. 产品规格设计(表5-1)

表5-1 高支高密提花台布主要规格

品名	高支高密缎纹地缎纹花大提花台布		
坯布规格	外幅:137.7 cm 经密:105.5 根/cm 基本组织:地部为5枚纬面缎纹,花部为5枚经面缎纹	内幅:136.5 cm 纬密:54 根/cm	
织造规格	筘外幅:139.5 cm 筘号:210 齿/10 cm 全幅织6花 总经纱数:14 400+边经 64×2 经组合:1/9.7 tex(60^s/1)丝光棉纱 纬组合:l/14.6 tex(40^s/1)丝光棉纱	筘内幅:138.5 cm 每筘齿穿入数:5 根	
织造机械	片梭织机+CX880型2688针电子提花机;普通装造		
后处理工艺	棉织物坯布织后漂练(丝光)、定形		

2. 纹样设计

(1) 纹样大小

全幅织6个花纹循环,每花的宽度 = $\dfrac{内幅}{花数} = \dfrac{136.5}{6} = 22.75$ cm,长度定为20 cm。

(2) 纹样结构

纹样取材于变形花卉,混满地布局。部分纹样见图5-1。

图 5-1 提花台布纹样(部分)

3. 装造工艺设计

(1)确定装造类型和正反织

本例采用规格较大的电子提花机,所以选用单造单把吊(普通装造)。

(2)纹针数计算与纹板样卡设计

①所需的纹针数=织物一个花纹循环内的经纱数=织物的花纹宽度×成品经密

$$= \frac{内经纱数}{花数} = \frac{内幅×经密}{花数} = \frac{136.5×105.5}{6} = 2\,400(根)$$

2 400 是组织循环数 5 的倍数,所以不用修正。

②纹板样卡设计

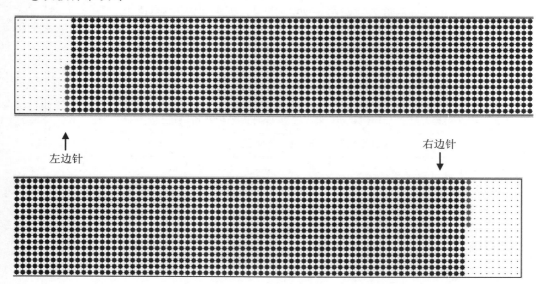

左边针　　　　　　　　　　　　　　　　右边针

图 5-2 提花台布纹板样卡

CX880 型 2688 针电子提花机的纹针共有 16 列、168 行,需用纹针 2 400 针;边针用 16

针,在纹板样卡上前后平均分布(每根边针吊 8 根通丝,边组织为$\frac{2}{2}$方平组织)。具体的纹板样卡可利用纹织 CAD 进行设计(图 5-2)。

(3)通丝计算

通丝把数=纹针数=2 400(把)

每把通丝数=花数=6(根)

一台织机通丝总根数=通丝把数×每把通丝数=2400×6=14 400(根)

(4)目板规划

所用目板的穿幅=筘内幅+2=138.5+2=140.5(cm)

所用目板列数=(一般等于)提花机本身所具有的纹针列数=16(列)

$$\text{所用目板总行数}=\frac{\text{内经纱数}}{\text{选用列数}}=\frac{14\ 400}{16}=900(\text{行})$$

$$\text{每花实穿行数}=\frac{\text{目板的用总行数}}{\text{花数}}=\frac{900}{6}=150(\text{行})$$

没有多余的行列数可供空余。

$$\text{所用目板行密}=\frac{\text{目板所用总行数}}{\text{目板穿幅}}=\frac{900}{140.5}=6.4(\text{行}/\text{cm})$$

(5)通丝穿目板

分 6 个花区,每个花区一顺穿(图 5-3)。

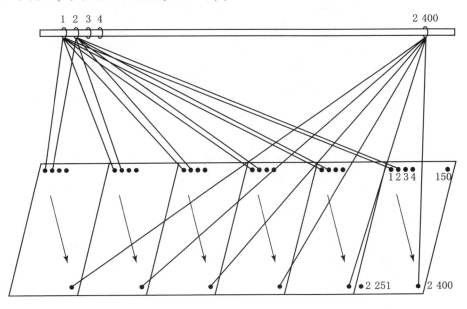

图 5-3　通丝穿目板示意图

4. 意匠设计

(1)规格参数的输入

在编辑意匠纹样时需要向纹织 CAD 系统输入一些参数,如织物的经密、纬密及一花内的经纱数和纬纱数。

织物的经密＝105.5(根/cm)

织物的纬密＝54(根/cm)

一花内的经纱数＝2 400(根)

一花内的纬纱数＝纹样长×纬密＝20×54＝1 080(根)

1 080 是织物组织循环数的倍数,所以不用修正。

这些数据以图5－4的形式输入纹织 CAD 系统,纹织 CAD 会自动形成:

$$意匠图规格＝\frac{织物经密}{织物纬密}＝\frac{105.5}{54}＝2(相当于八之十六的意匠纸规格)$$

意匠图的纵格数＝纹针数＝一花内的经纱数＝ 2 400(格)

意匠图的横格数＝一花内的纬纱数＝1 080(格)

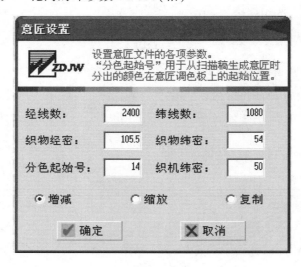

图5－4　意匠参数

(2)意匠设色

该织物只有两种组织,地部为 5 枚纬面缎纹组织,花部为 5 枚经面缎纹组织,所以意匠图用两种颜色表示两种组织,如用 1#色表示 5 枚纬面缎纹组织、2#色表示 5 枚经面缎纹组织。

(3)织物组织设置

可以在纹织 CAD 中设置该织物的两种组织(图5－5),分别起名后存入组织库(若组织库中已经有这些组织,此步可以省去,在以后的操作中直接取出使用即可)。本例中分别将两种组织起名为"2－1""8－5j",并存入组织库。

(4)生成、保存投梭

生成该织物的投梭文件。由于该织物只有一纬,所以只需要生成一梭从头至尾长织,保存投梭时也只需选择保存一梭。

(5)组织表设置

根据织物的组织将前述步骤中设置的每一种组织分别填入组织表,由于只有一纬,所以只需要在两种颜色对应的组织表中填入一纬。最后形成的组织表如图 5-6 所示。填组织表时一定要注意将织物意匠图中的颜色与其组织正确对应,不可以将某种组织填入与其不对应的颜色中。由组织表可以看出意匠图中的 1#色所代表的组织为组织库中的"2-1"组织,2#色所代表的组织为组织库中的"8-5j"组织。

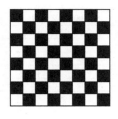 

(a) 命名为"2-1"   (b) 命名为"8-5j"

图 5-5   织物组织图

图 5-6   组织表

(6)建纹板样卡

根据电子提花机的型号,可以确定纹板样卡为 16×168 样卡形式,在该样卡上设置:左边针用 8 针,位置为第 137~144 针;右边针用 8 针,位置为第 2545~2552 针;主纹针 2 400 针,位置为第 145~2 544 针。样卡见图 5-2。

该样卡建立完成之后,将其命名并存入电脑,以方便以后调用。如果电脑中已有该样卡则不用进行该步骤。

(7)填辅助组织表

样卡建立之后,即可填写辅助组织表,并在辅助组织表中对样卡中的辅助功能针进行必要的设定。打开样卡文件后,点击"辅助针",出现如图 5-7 所示的对话框,则边组织的代号填入图中"梭 1"所对应的格子内。该织物的边针组织为方平组织,组织库里的代号为"4-2",因此将"4-2"填入即可。由于该织物为一纬常织,所以辅助组织表也只需填一纬。

(8)纹板处理(生成纹板)

当完成以上的所有工作之后,就可以进行纹板处理。纹板处理时可以根据提花龙头的具体型号来选择所要生成的具体织造文件类型。

(9)纹板检查

根据纹板文件进行冲孔之前,应该打开该纹板文件,进行纹板检查。如果纹板文件有不正确的地方,应该重新检查操作步骤,查出错误并修改之后重新处理。也可以直接在织造文件中修改纹针的升降规律。

	梭1	梭2	梭3	梭4	梭5	梭6	梭7	梭8
边针	4-2	0	0	0	0	0	0	0
停撬针	0	0	0	0	0	0	0	0
梭箱针	9001	9002	9003	9004	9005	9006	9007	9008
梭箱针2	0	0	0	0	0	0	0	0
提前梭	0	0	0	0	0	0	0	0
提前梭2	0	0	0	0	0	0	0	0
良子	0	0	0	0	0	0	0	0
辅助1	a3	a3	a3	0	0	0	0	0
辅助2	0	0	0	0	0	0	0	0
固定针	0	0	0	0	0	0	0	0

别名前缀: [　　] 加入 删除 选中别名: 1000 ▶ C:\ZDJW\TEXTURE\P1000

图 5-7　辅助针设置对话框

四、项目实施的训练——斜纹地单层提花床罩织物的设计

1.规格设计

进行市场调研和搜集资料,确定新设计的提花床罩织物的规格,形成规格表(表5-2)。

表 5-2　提花床罩织物规格表(需填写)

品名	斜纹地单层提花床罩织物	
坯布规格	外幅:	内幅:
	经密:	纬密:
	基本组织:地部为斜纹	花部组织:
织造规格	筘外幅:	筘内幅:
	筘号:	每筘齿穿入数:
	全幅织的花数:	
	总经纱数:	
	经组合:	
	纬组合:	
织造机械		

2.纹样设计

(1)编写纹样设计任务书

①花样的题材要求,花样风格要求。

②纹样的布局。

③完全花样的花幅和长度。

④一个花纹循环内的经纱数和纬纱数。

⑤纹样的颜色与织物组织:纹样设几个颜色,经纱、纬纱的排列,地部和花部的组织。

(2)用手工或采用纹织 CAD 绘制纹样图

3. 装造工艺设计

①填写装造工艺单(表5-3)。

②纹板样卡设计:采用纹织CAD绘制纹板样卡图。

表5-3　提花床罩织物的装造工艺单(需填写)

装造工艺	正反织		
	装造类型		
	所需纹针数		
	通丝把数		
	每把通丝数		
	目　板	行列	
		穿法	
	穿　综	内经	
		边经	
	穿　筘	内经	
		边经	
	筘　号		
	筘　幅(cm)		

4. 意匠设计

采用纹织CAD进行以下工作:

①织物小样参数输入。

②意匠勾边、设色、设置组织。

③投梭。

④填组织表(或组织配置表)。

⑤选择纹板样卡和辅助针表设计。

⑥生成纹板和检查纹板。

⑦进行织物效果模拟。

阅读材料 ≫≫

在机械式提花机上设计棉/竹/涤大提花床罩

床罩是一类具有较强装饰性、实用性的纺织品。随着生活质量的提高,人们对床罩产品的品种、花色、规格及其内在的品质提出了更高的要求。对于床罩产品的设计,在原料选择上,如果采用纤维较长、纱线条干均匀的棉纱或棉混纺纱,并结合使用结子线、圈圈线、异色线、异丝线、雪尼尔纱,再配以合理的组织,则所得织物会产生特殊的肌理效果。目前,产品设计者感兴趣的是把竹纤维用在装饰织物的开发上。竹纤维是环保型的纤维,具有良好的悬垂性、耐磨性、透气性、抗菌性和阻燃性等,很适宜作为室内窗帘和床罩的原料;但竹纤维也有自身的缺点,如纯竹纤维的织物易缩水,以及洗涤后光泽降低等。现在纺纱厂已经开发出棉/竹混纺纱、棉/竹/涤混纺纱、竹/Modal/棉混纺纱,所以可以选用棉/竹/涤混纺纱为原料,在普通的阔幅提花机上设计和试制一种新型的大提花床罩。

1. 产品规格设计(表5-4)

表5-4　棉/竹/涤提花床罩规格表

项目		成品幅宽	坯布幅宽	筘幅	成品长度	缝边阔度	坯布开剪长度
规格		240 cm	255.6 cm	264 cm	240 cm	2+2 cm	265 cm
原料	经纱	18.2 tex×2(32^S/2)棉/竹/涤 (60/30/10)			成品经密:340 根/10 cm 总经根数:8 160 根(其中边经96 根)			
	纬纱	18.2 tex×2(32^S/2)棉/竹/涤 (60/30/10)			成品纬密:240 根/10 cm 总纬数:5 760 根			

2. 纹样和组织设计

该大提花床罩的纹样选用传统的独花型图案,纹样布局为上下和左右全对称。为了充分体现竹纤维的特性,织物的地部用$\frac{3}{1}$斜纹组织,花部分别采用八枚纬面缎纹(主花组织)、$\frac{1}{3}$斜纹(次花组织)、方平(暗花组织)这三种不同组织。这样的组织配置使得织物纹部层次分明、立体感强。织物采用反织。

因为织物为独花且门幅较宽,受到普通提花织机的纹针数限制,所以采用双把吊装造以减少织造所用的纹针数。但是,如果单独采用双把吊织造,不能在织物上形成斜纹组织和缎纹组织。因为双把吊装置只有与棒刀装置相结合使用,再通过纹针的运动规律和棒刀组织的相互配合,才可以在织物上形成上述地组织和花组织。在织物反织的前提下,可先选择一个合适的棒刀组织,如$\frac{1}{3}$斜纹组织,再确定主花、次花、暗花的纹针运动规律。棒刀针、纹针的具体配合关系见图5-8。图中:

(a)为棒刀组织,由棒刀直接带织地部和素边;

(b)为主花的纹针运动规律;

(c)为由主花的纹针运动规律(b)按双把吊"1,4,2,3"跨穿而成的间丝展开图;

(d)由(a)与(c)叠加而成;

(e)为斜纹次花的纹针运动规律;

(f)为由斜纹次花的纹针运动规律(e)按双把吊"1,4,2,3"跨穿而成的间丝展开图;

(g)由(a)与(f)叠加而成;

(h)为方平暗花的纹针运动规律;

(i)由(h)按双把吊"1,4,2,3"跨穿展开而成;

(j)由(a)与(i)叠加而成,组织点重叠后,(j)与(i)相同。

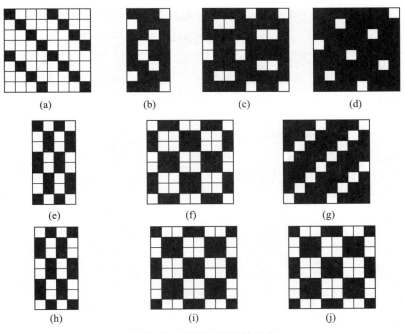

图5-8　棒刀与纹针的配合

3. 装造设计

织物采用反织。因纹针运动规律和棒刀组织的配合要求,采用双把吊,并以"1,4,2,3"跨穿,用16片棒刀,用4针控制一片棒刀,共用64针棒刀针,在纹板的首尾两端各安排32针棒刀针。边针用6针,大边针4针形成 $\frac{2}{2}$ 经重平边组织,小边针2针形成平纹边组织,这些边针安排在纹板的首端。1400口提花机的总纹针数为1 480针,减去上述所用的64针棒刀针和6针边针,还有1 410针可用于织纹部,再考虑纹板的牢度,以及织纹部的纹针必须是基础组织循环数的倍数等因素,选用1 376针为织造纹部的纹针数。

（1）纹部的经纱数＝纹部所用纹针数×双把吊×2(花纹左右对称)

$$= 1\ 376 \times 2 \times 2 = 5\ 504(根)$$

（2）素边的经纱数＝总经纱数－纹部经纱数－边纱＝8 160－5 504－96＝2 560(根)
素边由棒刀带织。

（3）纹部的宽度＝5 504/34＝161.88(cm)（取162 cm）

素边的宽度＝2 560/34＝75.29(cm)（取75 cm）

（4）纹部的长度＝纹部的宽度＝162(cm)

素边的长度＝素边的宽度+卷边的长度＝75+6＝81(cm)

（5）选用目板的穿幅应大于布幅,目板选用列数＝棒刀片数＝16(列)

目板实用行数＝总内经纱数/选用列数＝(8 160－96)/16＝504(行)
通丝穿目板为对称穿法。

（6）纹部的通丝把数＝纹针数＝1 376(把)
每把两根通丝(双把吊下吊法)。

(7)棒刀针、棒刀、棒刀所控制的经纱、棒刀组织的对应关系见棒刀吊法示意表5-5。

表5-5 棒刀吊法示意表

位置	棒刀针序号	棒刀顺序	经纱顺序	棒刀组织次序	位置	棒刀针序号	棒刀顺序	经纱顺序	棒刀组织次序
机前	1,17 9,25	1	1	1	机后	1,17 9,25	1	9	1
机前	2,18 10,26	2	4	4	机后	2,18 10,26	2	12	4
机前	3,19 11,27	3	2	2	机后	3,19 11,27	3	10	2
机前	4,20 12,28	4	3	3	机后	4,20 12,28	4	11	3
机前	5,21 13,29	5	5	5	机后	5,21 13,29	5	13	5
机前	6,22 14,30	6	8	8	机后	6,22 14,30	6	16	8
机前	7,23 15,31	7	6	6	机后	7,23 15,31	7	14	6
机前	8,24 16,32	8	7	7	机后	8,24 16,32	8	15	7

上表中,棒刀针序号指提花机托针板上的棒刀针位置次序,由纹板样卡设计确定;棒刀次序为由织机的机前到机后排列;经纱顺序指由提花机每行目孔下的经纱次序,与双把吊的"1,4,2,3"跨穿有关;棒刀组织次序指一个棒刀组织循环的纵格次序。

4. 意匠图的制作

(1)意匠规格=(成品经密/成品纬密)×8=11,选八之十一规格

(2)意匠图纵格数=所需纹针数×2=2 752(格)(一个纵格表示一根经纱)

(3)意匠图横格数=纹样长度×成品纬密=162×24=3 888(格)

所需纹板数=梭数=织物总长度(包括卷边长)×纬密=5 832(块)

(4)意匠图的勾边采用双针勾边法,用三种颜色表示三种不同的组织(如用红色表示主花组织,黄色表示次花组织,绿色表示暗花组织)。纹板轧法如图5-9所示。

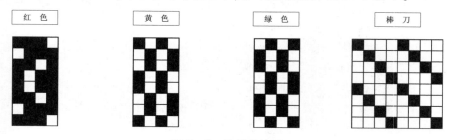

图5-9 纹板轧法图

思考与练习:

1. 单层纹织物有什么特点?单层纹织物一般用在什么产品上?

2. 简述单层纹织物设计的一般步骤。

第六章　纹织设计项目2——重纬纹织物设计

项目介绍:重纬纹织物是纹织物中比较复杂的一类,织物表面的色彩和层次变化比较多,装饰性强,广泛应用在家纺产品中。本项目以雪尼尔纱纬二重提花装饰织物的设计为驱动,通过重纬纹织物的分析,使学生能够认识重纬纹织物的特点和设计特点,熟悉重纬纹织物的设计过程,并能够进行重纬纹织物的纹样设计、组织设计、意匠设计和装造工艺设计。

项目任务:完成重纬纹织物的分析和设计。

知识目标:熟练掌握纹织物的生产特点和设计过程。

能力目标:能够把所学的有关纹织的知识运用到重纬纹织物的设计中,会对各种重纬纹织物进行分析。

素质目标:创新。

一、项目实施流程

①织物的规格分析:确定织物规格,形成产品规格表。

②纹样分析:确定纹样的大小、全幅花数和纹样的结构。

③组织分析:分析重纬纹织物组织结构特点,确定织物的地部组织和花部组织。

④装造工艺设计:形成装造工艺单,并对装造工艺进行计算。

⑤意匠设计:形成意匠图和纹板文件。

二、项目实施的知识要点

1. 重纬纹织物特点

重纬纹织物是指由一组经纱与多组纬纱重叠交织而成的复杂大提花织物,有纬二重、纬三重、纬四重结构。纬重的结构越多,则纹织物的组织层次和色彩的变化越多,并且,纬纱的重叠结构使花纹部分有了背衬的纬纱,从而增加了花纹牢度和立体感。重纬纹织物的品种和花色变化在纹织物中是最丰富的,因此重纬纹织物在装饰纹织物中得到了广泛应用。

2. 重纬纹织物设计要点

(1)纹样和组织设计

重纬装饰纹织物的纹样常用题材有花草、动物的变形图案和抽象的几何纹理图案。在纹样用色上,以一组经色与几组纬色的混合色为基准,配合组织结构的变化,确定所需使用的套色数。在纹样的排列布局上,以满地、混满地和自由排列的花样为主,应避免出现连续的纵横条纹及过碎、过细的花纹。

重纬纹织物主要用纬纱起花纹。若想使花地分明,地部一般以经面组织和平纹组织为主。经纱一般选用较细的纱线,使地部细腻紧密,更加衬托出纬花的效果。由于纬纱主要用于显示花纹,一般选用条干均匀且色泽鲜艳的纱。当重纬织物的纬重数达到四纬以上时,通常另外选用一组接结经来固结在织物背面,起背衬纬纱的作用。接结经一般选用坚牢而细的纱线,使接结点不会漏色于织物的表面。根据纬浮较长的色纱会浮在表层的原理,在设计花、地的基础组织时,一般要求表组织是纬面组织,里组织是经面组织,或者表、里的组织都为纬面组织,但里纬组织的枚数要小于表纬组织的枚数。当表组织为平纹组织时,必须选择经面组织作为里组织;当表组织为经面组织时,必须选择经浮长比表组织的经浮长更长的经面组织作为里组织,表纬的经组织点要和里纬的经组织点重叠,这样才能不"露底"。如果表里纬纱互不重叠,将得到闪色效应。

(2)抛梭的变化设计

重纬装饰纹织物通过纬纱的投梭变化处理来表现织物织纹的变化层次和色彩丰富性,纬纱可以由抛梭的方式进行变化设计处理。纬纱的抛梭变化方式有常抛、换道、抛道三种。

常抛变化指纹织物的各组纬纱轮流按比例地投入,当一组纬纱在正面起花时,不起花的纬纱在背面与经纱做有规律的接结。这种形式是通过纬纱的表里交换来实现纹织物表面的图案和色彩的变化的。

换道变化是在现有的纬重结构基础上,根据品种设计的需要,变化某一组纬纱(或纬纱颜色),但纹织物的纬重数不变。换道变化首先要根据纹织物的整体效果来确定需要进行变化的纬重,还需编制明确的投梭表,用于投梭控制。

抛道变化与换道变化的区别在于织造时纹织物原有的纬重数是否增加,能使纹织物局部的原有纬重数增加的变化形式称为"抛道"。如纬二重织物的抛道变化是在织物的局部增加一重纬,也就是局部变成了纬三重结构。抛道变化能使纹织物表面形成丰富的色彩效果。

纹织物在抛梭过程中,可使投入的某一彩纬在纹织物的不起花部分沉在背面与经纱做稀疏的接结,不构成长浮纱,彩纬的投入没有一定规律,投入的色完全根据纹样需要而定;也可使某一彩纬在纹织物的不起花部分沉在背面不与经纱接结,而形成长浮纱,长浮纱下机后沿花纹边缘剪掉。为了使起花的彩纬在修剪后不至脱落,花纹的边缘应以平纹包边。

纹织物的抛梭变化可在纹织CAD系统中完成,在抛道变化设计的选纬信号上增加一个"停撬"信号。"停撬"表示投入该纬时织机的卷纬机构停止工作,纬密增加。

3. 重纬纹织物装造和意匠特点

重纬纹织物只有一组经纱,装造方式一般采用单造;但有时为了织造方便,也可采用双造织造,前造控制织机上的奇数经纱,后造控制偶数经纱。在传统提花机上,当纹针数不足时采用单造多把吊织制。采用单造多把吊装造时,必须配以棒刀装置,使织物细致,往往采用纹针控制花部,棒刀(良子)控制地部。为此,设计时首先应考虑纹针与棒刀相配合的问题,一般由棒刀来控制地部组织,并由棒刀针与纹针相配合,通过双把吊来形成花组织或间丝点。

重纬纹织物意匠处理现采用纹织 CAD 系统,经过纹样输入、纹样修改、意匠处理后,再进行必要的意匠色勾边和间丝。重纬纹织物意匠图中的每一纵格,根据织机的装造类型表示一根或多根经纱。如用普通装造织造时,重纬纹织物意匠图中一个纵格代表一根纹针及其控制的一根或数根经纱,每一横格表示与纬重数相当的纬纱(如果在纹织 CAD 中按展开的方式绘制,则每一横格只表示一根纬纱)。

在各类重纬纹织物的意匠图中,间丝点都为经间丝点,主要起着压纬浮长(即为"顾纬不顾经")、增加纹织物的层次和装饰性的作用。

和重经纹织物相比,重纬纹织物的纬密高,生产效率不如重经纹织物;但重纬纹织物改换花色与品种方便迅速,一般不用更改装造,故重纬纹织物品种繁多,能经常推陈出新。

三、项目实施的实例——雪尼尔纱纬二重提花装饰布的设计

雪尼尔纱纬二重提花装饰布采用一组经纱,纬纱搭配采用雪尼尔纱和棉纱,雪尼尔纱的绒毛赋予布身独特的风格和手感,并增强织物的立体感和装饰效果。

1. 织物主要规格

此织物经纱用 16.7 tex(150 den)低弹网络丝;纬纱有两种,一种为 260 tex 雪尼尔纱,另一种为 50 tex 棉纱,分染成两个颜色,交替换道;采用剑杆织机织造,织物规格见表 6-1。

表 6-1　雪尼尔纱装饰织物规格

成品规格	外幅:161.5 cm 花幅:40 cm(全幅共 4 花) 经密:600 根/10 cm	内幅:160 cm 纬密:100×2 根/10 cm
上机规格	筘外幅:169.5 cm 筘号:143 齿/10 cm 纹针数:2 400 针 内经纱数:9 600 根 经组合:涤纶网络丝(黑色) 纬组合:雪尼尔纱(甲) 　　　　棉纱(乙)	筘内幅:168 cm 每筘齿穿入数:4 根 储纬器:4
织造机械	剑杆织机 CX2688 电子提花机 装造类型:单造单把吊	

2. 纹样设计

(1)纹样大小

全幅织 4 个花纹循环,每花宽度 $=\dfrac{内幅}{花数}=\dfrac{160}{4}=40$(cm),长度定为 40cm(此花型为正方形)。

(2)纹样结构

纹样可采用花卉或抽象几何图案,以简洁块面和流畅的线条组成,但线条不宜过细,花与地界限清晰,以突出花部的层次感,同时要注意装饰织物图案的配套设计。图6-1为局部纹样图。

图6-1 局部纹样图

3. 组织设计

本织物为纬二重结构,按重纬组织的表纬、里纬组织结构的配置关系,可将组织配置安排如下:

地部组织:表层为甲纬4枚纬面破斜纹,背衬乙纬4枚经面破斜纹,使乙纬重叠在甲纬之下(图6-2)。

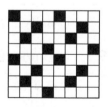   

(a)甲纬4枚纬面破斜纹   (b)乙纬4枚经面破斜纹

图6-2 地部组织

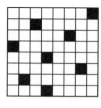   

(a)8枚纬面缎纹   (b)8枚经面缎纹

图6-3 花部组织

花组织1:甲纬起花,组织为8枚纬面缎纹;背衬乙纬,组织为8枚经面缎纹(图6-3)。

花组织2:乙纬在表面起花时,其组织为8枚纬面缎纹,甲纬8枚经面缎纹背衬在下面。

边部组织:采用$\frac{2}{2}$经重平。

4.装造工艺设计

本例采用 2688 针电子提花机,单造单把吊(普通装造),正织。

(1)纹针数选用

所需的纹针数=织物一个花纹循环的经纱数=织物的花纹宽度×成品经密

$$=\frac{内经纱数}{花数}=\frac{内幅×经密}{花数}=\frac{160×60}{40}=2\,400(针)$$

2 400 针是织物组织循环数的倍数,所以不用修正。

布边经纱数 48 根,每边 24 根,采用 24 针,左右边均采用双把吊。

(2)纹板样卡设计

CX880 型 2688 针电子提花机的纹针共有 16 列、168 行,需用纹针 2 400 针;边针用 24 针,梭箱针用 2 针。具体安排如下:

梭箱针:第 17~18 针(2 针);

左边针:第 129~140 针(12 针);

右边针:第 2549~2560 针(12 针);

正身纹针:第 145~2544 针(2 400 针)。

纹板样卡见图 6 - 4。

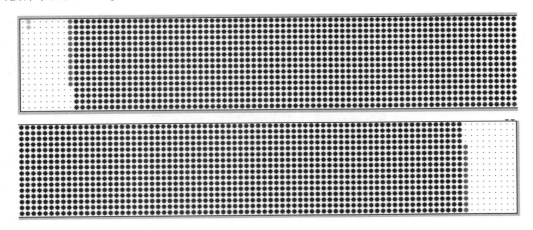

图 6 - 4 2 400 针的纹板样卡

(3)通丝计算

通丝把数=纹针数=2 400(把)

每把通丝根数=花数=4(根)

一台织机的通丝总根数=通丝把数×每把通丝根数=2 400×4=9 600(根)

(4)目板规划

所用目板的穿幅=筘内幅+2=168+2=170(cm)

所用目板列数=提花机本身所具有的纹针列数=16(列)

所用目板总行数=$\frac{内经纱数}{选用列数}=\frac{9\,600}{16}=600(行)$

$$每花实穿行数 = \frac{目板所用总行数}{花数} = \frac{600}{4} = 150(行)$$

没有多余的行列数可供空余。

$$所用目板行密 = \frac{目板的用总行数}{目板穿幅} = \frac{600}{170} = 3.5(行/cm)$$

（5）通丝目板穿法

布身经纱采用横向一顺穿,顺序为从右到左、从后到前,如图6-5所示。

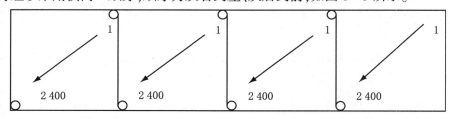

图6-5　通丝穿目板

5. 意匠设计

在纹织 CAD 系统中编辑意匠图时,对于纬二重织物(双层织物也一样),有两种方式:意匠不扩展和意匠扩展。

意匠不扩展的方式指意匠图的一个横格表示两根纬纱和两块纹板,投梭投两梭;而意匠扩展的方式指先按照意匠不扩展的方式编辑意匠图,然后在投梭之前进行重设意匠,把意匠图的横格数进行"一扩二",再进行投梭、组织表、样卡、辅助针表的设置等。这两种方式最大的不同点在于投梭、组织表和辅助针表的设置,而样卡设置是一样的。

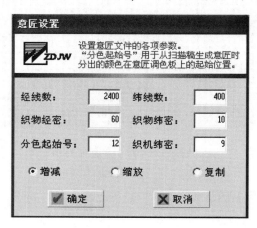

图6-6　意匠设置对话框

（1）按照意匠不扩展的方式编辑意匠图

①规格参数输入：

纵格数＝纹针数＝2 400(格)

横格数＝纹样长度×表纬纬密＝40×10＝400(格)

因为各组织循环数为 4 和 8,不用修正。

经密纬 60 根/cm,表纬纬密＝10 根/cm,意匠图的一横格代表甲、乙两根纬纱。

这些数据通过意匠设置对话框(图 6－6)输入纹织 CAD 系统,纹织 CAD 会自动形成意匠图规格和意匠图大小。

②意匠图设色、修改与勾边:

该织物共有三种组织,所以意匠色为三色。例如,可用 1#色表示地部组织,2#色表示甲纬起花组织,3#色表示乙纬起花组织,并对意匠图进行接回头、去杂、勾边等处理。意匠图一个横格代表两根纬纱,勾边可以采用自由勾边。意匠图编辑好以后再保存到纹织 CAD 系统中。

③生成和保存投梭:该织物为两纬常织,所以只需要生成两梭投梭。投梭时,先选 1#色投第 1 纬,从头投至尾;再选 2#色投第 2 纬,从头投至尾。两梭投完后,保存投梭。

④织物组织和组织表设置:在纹织 CAD 中设置该织物的地组织和花组织(图 6－2,图 6－3),将它们分别命名后存入组织库(图 6－7)。

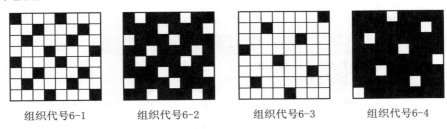

组织代号6-1　　组织代号6-2　　组织代号6-3　　组织代号6-4

图 6－7　组织库

将前述步骤中设置的每一种组织的代号(组织名)分别填入组织表。该织物有两纬,所以在每种颜色后对应的组织框中,应该将每一种颜色所对应的两种组织分别填入第 1 纬(梭 A1)和第 2 纬(梭 A2)之中,最后形成的组织表如图 6－8 所示。

别名前缀:		加入	删除
梭A1	梭A2	梭A3	梭B1
1	6-1	6-2	0	0
2	6-3	6-4	0	0
3	6-4	6-3	0	0
4	0	0	0	0
5	0	0	0	0
6	0	0	0	0

图 6－8　组织表

⑤建样卡:建立样卡的方法与单层纹织物相同;也就是说,样卡的建立与织物的组织没有必然的联系。建立样卡应根据织造织物的提花机龙头规格和纹针吊挂形式进行(图 6－4)。

⑥填辅助组织表:建立样卡后,在纹织 CAD 系统中打开样卡文件,点击"辅助针"功能,设置辅助针表。本例主要设置边针组织,由于该织物是纬二重织物,所以辅助组织表中的每一种辅助针需分别填两纬的辅助针组织。尽管织物的边组织是 $\frac{2}{2}$ 经重平,但由于意匠图没

有扩展,所以每一纬的辅助针组织应该填入平纹组织。

⑦生成纹板:进入纹织 CAD 系统的"生成纹板"功能,点击"生成纹板",系统即自动形成纹板。

⑧纹板检查:根据纹板(WB)文件进行冲孔之前,应该先检查纹板。

(2)按照意匠扩展的方式编辑意匠图

若按展开形式编辑意匠图,前面的两步与不展开时相同,需调整的步骤如下:

①重设意匠:在织物的意匠图画好之后,先不生成投梭和保存投梭,而应该将织物的小样参数做一些修改。如本例中,开始画图时小样参数中的纬密及纬纱数是按织物的表纬密及表纬纱数来定的,打开"重设意匠"对话框(图 6 - 9),将其中的纬密和纬纱数分别改为该织物的总纬密及总纬纱数。由于本例中的织物为纬二重织物,且两种纬纱之比为1:1,所以纬密和纬纱数都应该各增加一倍,即将小样参数中的纬密改为"20",纬纱数改为"800"。改好小样参数之后,确定"是否将原图缩放"并选择,此时织物中的每一纵格仍表示一根经纱,而每一横格表示一根纬纱。

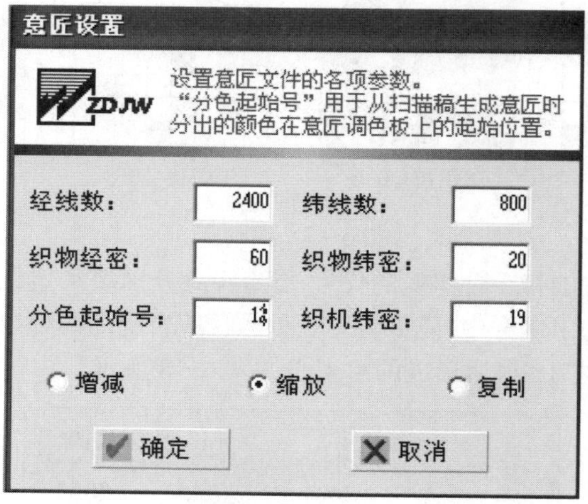

图 6 - 9　重设意匠对话框

②组织复合:按展开的形式编辑意匠图时,意匠图中的每一种颜色只需设置一种该色块两纬所构成的复合组织即可。本例中分别设计了三种色块的复合组织(代号为"6 - 5""6 - 6""6 - 7",分别对应意匠图中的 1#、2#、3#色),将这三个组织以组织代号(组织名)的形式分别存入组织库(图 6 - 10)。

③生成投梭:由于该织物为两纬常织,所以只需要生成两梭投梭。投梭时,先选中 1#色投第 1 纬,从头投至尾;再选择 2#色投第 2 纬,从头投至尾。但是完成投梭后,必须对投梭进行修改再保存投梭,应该将投梭的第 1 横格中的第 2 纬去除,第 2 横格中的第 1 纬去除,依次循环(这个步骤也可以利用纹织 CAD 的"设置辅助针"功能来完成)。

④组织表设置:该织物有两纬,且是按展开的方式形成组织,因此,最后的组织表中每一种颜色对应的组织都只有一个。意匠展开以后的织物组织图,每种颜色的第 1 纬的组织和第 2 纬的组织都是相同的,最后的组织表如图 6 - 11 所示。

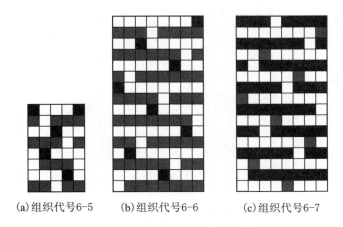

(a)组织代号6-5   (b)组织代号6-6   (c)组织代号6-7

图6-10   意匠展开以后的织物组织图

	梭A1	梭B1	梭C1	梭D1
1	6-5	6-5	0	0
2	6-6	6-6	0	0
3	6-7	6-7	0	0
4	0	0	0	0
5	0	0	0	0
6	0	0	0	0
7	0	0	0	0

图6-11   意匠展开后的组织表

⑤样卡设置:与意匠不展开时相同。

⑥填辅助组织表:辅助组织表中梭箱针和停撬针的填法与不展开时相同,但边针要稍做改动,由于已经将织物展开,所以边针组织也需要形成一个展开后的$\frac{2}{2}$经重平组织。

⑦生成纹板和检查纹板:与意匠不展开时相同。

四、项目实施的训练——织锦缎织物的分析

织锦缎织物的分析程序如图6-12所示。

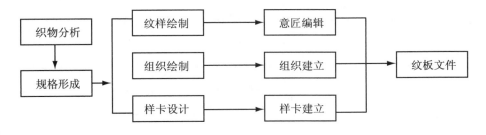

图6-12   织物分析的程序

1.分析织物规格

分析织锦缎织物的布样,并搜集相关资料,形成规格表6-2。

表 6-2　织锦缎织物的规格表 (需填写)

品名	织锦缎	
坯布规格	外幅：	内幅：
	经密：	纬密：
	基本组织:地部为斜纹	花部组织：
上机规格	筘外幅：	筘内幅：
	筘号：	每筘齿穿入数：
	全幅花数：	
	总经纱数：	
	经纱组合：	
	纬纱组合：	

2. 纹样分析

①花样的题材和风格特点。

②纹样的布局。

③完全花样的花幅和长度。

④在单位厘米内的经纱纹针数和纬纱数。

3. 织物的组织分析

确定织物有几个系统纬纱、几组经纱、纬花几色、经花几色,画出花组织和地组织。

4. 用手工或采用纹织 CAD 描制纹样图

5. 装造工艺设计

(1) 形成装造工艺单 (表 6-3)

表 6-3　织锦缎织物的装造工艺单 (需填写)

装造工艺	正反织		
	装造类型		
	所需纹针数		
	通丝把数		
	每把通丝数		
	目 板	行列	
		穿法	
	穿 综	内经	
		边经	
	穿 筘	内经	
		边经	
	筘 号		
	筘 幅(cm)		

（2）纹板样卡设计

采用纹织 CAD 绘制纹板样卡图。

（3）意匠设计

采用纹织 CAD 进行以下工作：

①织物小样参数输入。

②意匠勾边、设色、设置组织。

③投梭。

④填组织表。

⑤选择纹板样卡和辅助针表设计。

⑥生成纹板和检查纹板。

⑦进行织物效果模拟。

阅 读 材 料 ➤➤➤ ··

在机械式提花机上设计纬三重装饰纹织物

1. 工艺规格设计

纬三重装饰纹织物，经纱用 16.7 tex 的低弹网络丝，成品经密 600 根/10 cm，纬纱用 16.7 tex 的有光黏胶丝，三种纬纱的排列比为 1∶1∶1，成品纬密为 530 根/10 cm，成品内幅 160 cm。织物全幅一共有 8 花，纹样幅宽为 40 cm，纹样一个花回的高度为 19 cm，通过纬纱换道后，织物表面有 8 种颜色。

2. 组织结构设计

织物采用棒刀针与主纹针相结合并通过反织来织造。织物正面的地部由甲纬和经纱交织成 8 枚经面组织，乙纬和经纱交织成 16 枚经面组织，丙纬和经纱也交织成 16 枚经面组织，这些地部组织单独由棒刀针控制；织物正面的花部分别由甲纬、乙纬、丙纬起纬花，当某纬起花时，另外两纬在织物的纬花部分单独由棒刀针控制而形成经面缎纹组织。在投梭时，甲纬和丙纬为常织，而乙纬在织物的不同色块位置配置分段换道。

3. 装造与意匠计算

（1）装造类型设计为单造双把吊

（2）所需的纹针数＝纹样宽度×成品经密/把吊数＝40×60/2＝1 200（针）

共用 48 片棒刀，2 针控制 1 片棒刀，共需棒刀针为 96 针。

（3）意匠图的纵格数＝所需的纹针数＝1 200（格）

意匠图的横格数＝纹样长度×成品纬密/重纬数＝19×53/3＝336（格）

4. 纹织 CAD 编辑意匠图和纹板文件

采用浙大经纬公司的纹织 CAD 软件进行意匠设计，步骤为：纹样编辑→设色→修改意匠图→建立组织→生成投梭→确定组织配置表→设计样卡→生成纹板。

（1）规格参数的输入

编辑纹样时需向纹织 CAD 系统输入以下参数:纹样的宽度、高度,织物成品的经密、纬密,一花内的经纱数和纬纱数。

因为采用双把吊,一根纹针控制两根经纱,故意匠图上经纱数按1/2经密计算,纬三重织物的纬纱数按1/3纬密计算。地组织为8枚背衬两个16枚组织,故单梭的纬纱要修正为16的倍数。具体参数见图6-13。

宽度:	20	厘米 ▼	高度:	19	厘米 ▼
经线:	1200	根 ▼	纬线:	336	根 ▼
经密:	30	根/厘米 ▼	纬密:	17.67	根/厘米 ▼

图6-13 意匠参数

(2)意匠设色和意匠图处理

织物表面共设8种颜色,其中的1#色表示地组织,2#色表示甲纬起纬花的组织,3#色表示丙纬起纬花的组织,4#~7#色表示乙纬(需分段换色)起纬花的组织,8#色表示间丝点的颜色。

用自由勾边法把纹样轮廓曲线转变为组织点曲线。

用 CAD 系统的"随意间丝"功能点出活切间丝,间丝点在意匠图上自动铺好后,还应根据间丝点与棒刀的组织点的配合进行人工修改。

(3)建立组织

织物正面的花部为纬起花,采用反织时,意匠图上有纬间丝点。织物正面的地部是经面组织,采用反织并由棒刀带,棒刀组织采用有规律的纬面组织。甲、乙、丙三组纬纱的棒刀针组织分别为8枚5飞、16枚5飞、16枚5飞(纬起点为6)的纬面组织,见图6-14。将这三种组织的代号 P8-5W、P16-5W、P16-5W6 分别存入纹织 CAD 的组织库。

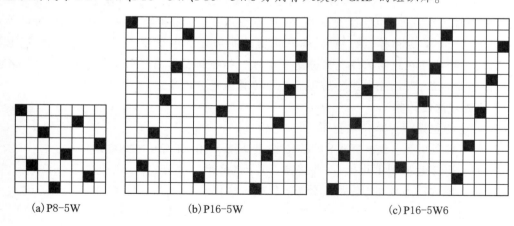

(a)P8-5W　　　　　(b)P16-5W　　　　　(c)P16-5W6

图6-14 棒刀组织

(4)生成投梭文件

由于织物为纬三重织物,所以在纹织 CAD 中需生成三梭投梭。投梭时,先选中1#色投第 1 纬,从头投至尾;其次选择 2#色投第 2 纬,从头投至尾;最后选择 3#色投第 3 纬,从头投至尾。在三梭都投完之后,保存所投梭位。2#色纬在中间有换纱的情况,换色之前只需提前一纬轧换道针。

		梭A1	梭A2	梭A3
▲▲	1	0	0	0
▲▲	2	0	0	1
▲▲	3	0	1	0
	4	0	0	1
	5	1	0	0
▲	6	0	0	1
	7	0	0	1
	8	0	0	0

图 6-15　组织配置表

(2#,4#,6#,7#色为第 2 梭换道)

(5)组织配置表

织物的地部及纬花部分的底组织都由棒刀提升且织物反织,所以对照意匠图的颜色,在纹织 CAD 组织表中,地组织的颜色和花纬的颜色中用于形成底组织的纬纱都填"0"。而织物的花部为纬起花,反织时,对照意匠图的颜色,在纹织 CAD 组织表中,与该种颜色对应的起纬花的那一纬填"1",见图 6-15。

(6)纹板样卡设计和生成纹板

在纹织 CAD 中,选择样卡的规格为 98×16,其中边针用 16 针(形成平纹边),配置在样卡的首尾两端;棒刀针用 96 针,配置在样卡的前后两段(各 48 针);控制内经纱的 1 200 根纹针在样卡的三段内均匀分布,见图 6-16。

图 6-16　纹板样卡

纹板样卡设计好以后,即可进行纹板处理。纹板处理需要根据提花织机的龙头型号来选择具体的织造文件格式,纹板文件的后缀名选择"WB"的文件类型。

思考与练习:

1. 重纬纹织物及其组织有什么特点?

2. 什么是抛梭纹织物? 抛梭纹织物有什么特点?

3. 某纬二重的提花纯毛毯纹织物,采用单造单把吊装造,试设计该产品的装造和意匠工艺。

第七章 纹织设计项目 3——重经纹织物设计

项目介绍:重经纹织物由两组及以上的经纱与一组纬纱交织而成,织物以经花来表现织纹效果,通过变化经纱的方式使织物表面的色彩和层次发生变化,广泛用于具有双面装饰效果的织物中。本项目以传统的丝绸产品——采芝绫的设计为驱动,并通过经二重提花窗帘织物的设计,使学生能够认识重经纹织物的特点和设计特点,熟悉重经纹织物的设计过程,而且能够进行重经纹织物的纹样设计、组织设计、意匠设计和装造工艺设计。

项目任务:完成重经纹织物的设计。

知识目标:熟练掌握重经纹织物的生产特点和设计过程。

能力目标:能够把所学的有关纹织的知识运用到重经纹织物的设计中,会对各种重经纹织物进行分析与设计。

素质目标:模仿和创新。

一、项目实施流程

①品种规格设计:通过市场调研和重经纹织物的布样分析,形成产品规格表。

②纹样设计:形成纹样设计任务,确定纹样的大小、全幅花数和纹样的结构。

③组织设计:根据纹样的要求设计织物的花组织(包括次花组织)和地组织。

④装造工艺设计:形成装造工艺单,并对装造工艺进行计算。

⑤意匠设计:形成意匠图和纹板文件。

二、项目实施的知识要点

1. 重经纹织物的特点

重经纹织物由两组及以上的经纱与一组纬纱交织而成,织物以经花来表现织纹效果,纬纱只起到固结经纱的作用。通过变化经纱在织物表面的浮长和经纱组合应用的方式,形成各种经纱混色的织纹效果。常用的设计方式是用两组经、三组经来构成经二重、经三重的组织结构。

重经纹织物的纬密一般比经密小,因此生产效率比重纬纹织物高;但重经纹织物改换花色品种首先要更换经轴、装造,成本较大,所以不像重纬纹织物那样品种繁多、花色变换迅速。

2. 重经纹织物的设计要点

重经纹织物的纹样设计以简单的平面装饰图案为主,常用的题材有花草变形图案和几何纹理图案。在纹样的排列布局上,以清地、混满地花样为主,纹样效果较单一。在用色上,以各组经纱的混合色为基准,纬纱色可以先不考虑,并配合组织结构的变化,确定需使用的套色数。如经二重提花装饰绸,其基准色为经三色(甲经色、乙经色、甲乙经混合色),若所配的基本组织有三种,则所套色数为 9 个,也就是说该品种的纹样设计可用九套色来完成。

重经提花织物常常以一组经纱作为地经与纬纱交织构成地组织,而其他经纱作为纹经与纬纱交织成花组织,一般以起经花为主,有时地经也可以用来起经花。重经织物的地组织可以是平纹、斜纹或缎纹,但一般以缎纹地组织为主。重经提花织物中,地经的排列在整幅中都是均匀的,而纹经有可能在整幅中均匀地排列,也可能只在起花的部分间断地排列,还可以使用不同颜色的经纱,按照彩条的效果来排列经纱,这样最后织出的提花织物的颜色层次就更加丰富多彩。地经与纹经的排列以地经:纹经 = 1:1 和地经:纹经 = 1:2 为最常见。

重经提花织物在具体的设计时,纹经在不起花的部分一般是沉在背面与纬纱接结。在一些轻薄透明的织物中,一般在纹经不起花时让纹经沉在织物的背面,不与纬纱接结;在织物下机之后,再将纹经沿花纹的四周割除,为了使割除后的纹经能够固结在织物上,应该在花纹的四周使用平纹组织包边。

如果地经选用强捻或具有高收缩性能的纱线(锦纶、弹力丝等),纹经采用黏胶丝,最后织造出的提花织物就会由于地经、纹经原料的差异而形成高花效应;还可以利用线密度相差悬殊的两组经线分别作为地经与纹经来形成经高花织物。

3. 重经纹织物的装造与意匠特点

重经纹织物有两组或两组以上的经纱重叠在织物内,它们的组织和原料性质不同,因此,传统装造时常采用前后分区(造)装造。当两组经纱的排列比为 1:1 时,采用纹针数相等的双造;当排列比为 2:1 时,则采用大小造装造。

在某些地组织比较简单且地经不起花纹的重经纹织物中,地经可以用前综来管理,以节省纹针数,此时可用单造织制。

加工重经纹织物时,若各组经纱的织缩率不同,需设两个或两个以上的经轴。上机时,张力控制要求不严的一组经纱用消极式送经(一般为上轴),而张力控制要求较严的一组经纱用积极式送经(一般为下轴)。分造时,亦要考虑原料的性质及提综次数,主要以减少断头率、提高产品质量为原则,把提升次数多、易断头的一组经纱穿入前造,而提综次数少的一组经纱穿入后造。

意匠图的绘制应结合装造类型进行。采用普通装造时,每一纵格代表一根经线。而采用前后造(单把吊)时,意匠图纵格数等于一造(大造)的纹针数。采用双造织制时,意匠图上一个纵格代表彼此重叠的前造一根经纱和后造一根经纱;采用 2:1 的大小造时,意匠图上两个纵格代表前造的两根经纱和后造的一根经纱。但不论采用何种装造,意匠图上一个横格总是代表一根纬纱。意匠图上点间丝时,只需考虑切断经向浮长,即"顾经不顾纬"。

三、项目实施的实例——采芝绫丝绸设计

采芝绫是由桑蚕丝与黏胶丝交织而成的经二重生织纹织物。采芝绫以黏胶丝做地经、地纬,以桑蚕丝做纹经。在地部,由黏胶丝织成4枚纬破斜纹;在花部,以黏胶丝经面缎纹为主体,以桑蚕丝经花包边或做花心及嵌条,成为明亮醒目的纹部。采芝绫的地纹和主花采用133 dtex(120 den)的黏胶丝,故织纹较粗。由于两组经纱的原料不同,它们对染料的亲合性能不同,所以经一浴练染后会形成两种颜色的花纹。织物风格粗犷、厚实且吸湿性能优良,宜用作妇女服装或装饰织物。

1. 产品规格设计(表7－1)

表7－1　采芝绫织物的主要规格

坯布规格	外幅:70 cm　　　内幅:69 cm　　　全幅:5 花 经密:104.3 根/cm　　　纬密:41.5 根/cm
上机规格	筘内幅:76.5cm　　　边幅:1 cm×2 筘号:235 齿/10 cm(每筘齿 4 穿入) 内经丝数:甲经 3 600 根,乙经 3 600 根　　　边经:16×2 根 经组合:甲经 133 dtex×1(1/120 den)有光黏胶丝 　　　　　乙经 22.2/24.4 dtex×1(1/20/22 den)桑蚕丝 纬组合:133 dtex×l(1/120 den)有光黏胶丝 6 捻/cm
织造机械	1400 口机械提花机

2. 纹样设计

(1)纹样大小

全幅织 5 个花纹循环,每花的宽度=$\frac{内幅}{花数}$=

$\frac{69}{5}$=13.8(cm),长度定为 14 cm。

(2)纹样结构

采芝绫的纹样图案一般为 4~6 个散点排列,布局为清地花,空地比例较大,所以不宜用经面大花,且主花常有包边。部分纹样见图 7－1。

3. 组织设计

(1)地部组织

①甲经(人造丝)与纬纱交织成 4 枚纬面破斜纹组织,见图 7－2(a)。

图 7－1　纹样图

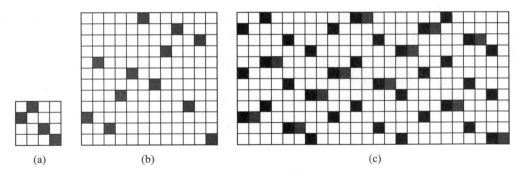

图7-2 织物地部组织

②为了使乙经(桑蚕丝)接结点与4枚破斜纹的组织点有所重合,以利于接结点的隐藏,所以乙经与纬纱交织成12枚变则纬面缎纹,见图7-2(b)。

③选用甲经:乙经=1:1,将(a)的组织图与(b)的组织图组合成织物的地部组织,见图7-2(c)。

(2)花部组织

①主花组织:甲经(人造丝)与纬纱以12枚经面缎纹组织在织物表面起主花,背衬乙经(桑蚕丝)的4枚纬面破斜纹。图7-3(a)为经二重主花组织图。

②次花组织:在织物主花的叶子和包边部分用次花组织。次花组织与主花组织正好进行表里交换:乙经(桑蚕丝)与纬纱以12枚经面缎纹组织在织物表面起花,背衬甲经(人造丝)的4枚纬面破斜纹。图7-3(b)为经二重次花组织图。

图7-3 织物花部组织

在上述的花部组织设计过程中,要充分考虑里层组织点的隐藏问题,尽量使里组织的经组织点夹在表组织的经浮长之间。

③边组织:采用$\frac{2}{2}$方平组织。

完成地部组织、花部组织的设计后,即对组织进行命名,如图7-2(c)的组织图名为"7-1",图7-3(a)的组织图名为"7-2",图7-3(b)的组织图名为"7-3",然后存入纹织CAD的组织库中。

4.装造工艺设计

(1)确定装造类型和正反织

本例采用 1400 口机械式提花机,织造所需要的纹针数不超过提花机所具有的针数,但经纱有两个系统,排列比为 1:1,两个系统的经纱原料也不同,所以可采用双造(单把吊);又因为纹样是清地布局,地部组织为纬面组织,所以可以用正织。

(2)纹针数选用与纹板样卡设计

①所需的纹针数=织物一个花纹循环内的经纱数

$$=织物的花纹宽度×成品经密$$

$$=\frac{内经纱数}{花数}=\frac{内幅×经密}{花数}$$

$$=\frac{69×104.3}{5}=1\,439(针)$$

修正为组织循环数的倍数,所以取 1 440 针,其中:

    a. 前造 720 针,控制提升次数较多的有光人造丝;

    b. 后造 720 针,控制桑蚕丝;

    c. 边针 4 针,每针控制 8 根通丝和经纱。

②纹板样卡设计:可利用纹织 CAD 进行纹板样卡设计。根据 1400 口提花机的龙头规格,可以确定该样卡为 98×16 的样卡形式,用纹织 CAD 的样卡设计功能形成 98×16 的样卡轮廓,再根据机械式提花机纹板样卡设计的原则和依据,在样卡轮廓上用不同颜色设置 1 440 针主纹针和 4 针边针,见图 7-4 的纹板样卡。

纹板首端

图 7-4　纹板样卡

(3)通丝计算

通丝把数=纹针数=1 440(把)

其中:前造通丝 720 把,后造通丝 720 把。

每把通丝数=花数=5(根)

一台织机的通丝总根数=通丝把数×每把通丝数=1 440×5=7 200(根)

(4)目板规划

所用目板的穿幅=筘内幅+1.5=76.5+1.5=78(cm)

$$初算目板列数=\frac{内经纱数}{钢筘内幅×目板行密}=\frac{7\,200}{76.5×3.2}=29.4(列)$$

修正为每筘齿穿入数、把吊数、基础组织循环数的倍数,最好是所用纹针数的约数,最终修正为 40 列,前后造各 20 列。

$$目板所用总行数 = \frac{内经纱数}{选用列数} = \frac{7\,200}{40} = 180(行)$$

$$每花实穿行数 = \frac{目板所用总行数}{花数} = \frac{180}{5} = 36(行)$$

$$每花目板所有行数 = 每花幅宽 \times 行密 = 13.8 \times 3.2 = 44(行)$$

余行均匀空出。

（5）通丝穿目板

采用分造（区）穿，见图7-5。

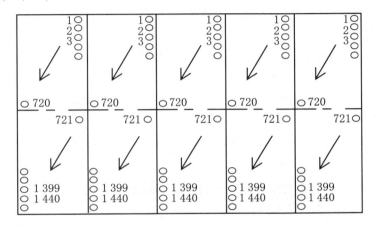

图7-5　通丝穿目板

5.意匠设计

（1）规格参数的输入

$$织物的表经密 = \frac{104.3}{2} = 52.2(根/cm)$$

织物的纬密 = 41.5（根/cm）

一造的经纱数 = 720（根）

一花内的纬纱数 = 纹样长 × 纬密 = 14 × 41.5 = 581（根）

修正为花、地组织循环数的倍数（12的倍数），最终为588根。

将以上数据输入纹织CAD系统，纹织CAD即自动形成：

$$意匠图规格 = \frac{织物表经密}{织物纬密} = \frac{52.2}{41.5} = 1.25(相当于八之十的意匠纸规格)$$

意匠图的纵格数 = 一造的经纱数 = 720（格）

每个纵格代表两根经纱（表经、里经各一根）。

意匠图的横格数 = 一花内的纬纱数 = 588（格）

（2）意匠设色

该织物共有三种组织，所以意匠图上用三种颜色表示。比如：1#色表示地部组织，2#色表示主花组织，3#色表示次花组织。

（3）意匠勾边

该织物为经二重织物，采用双造，意匠图在设色、勾边和轮廓修改时横向不展开，意匠图上一个纵格代表二根经纱，所以可采用自由勾边。

（4）意匠扩展

完成意匠图设色、勾边及修改后，进入纹织 CAD 系统的"重设意匠"功能，将意匠图的纵格进行一扩二。意匠图扩展并保存后，进行投梭设置。

（5）生成、保存投梭

生成该织物的投梭文件。由于该织物只有一纬，所以纹织 CAD 系统只需生成一梭，从头至尾长织即可；保存投梭时，也只需选择保存一梭。

（6）组织表设置

根据织物组织，将前述步骤中获得的每一种组织分别填入组织表。由于只有一纬，所以只需要在三种颜色对应的组织表中填入一纬。本例意匠图中，1#色代表组织库中的"7-1"组织，2#色代表"7-2"组织，3#色代表"7-3"组织。最后的组织表见图7-6。组织表设置完成后再存入意匠。

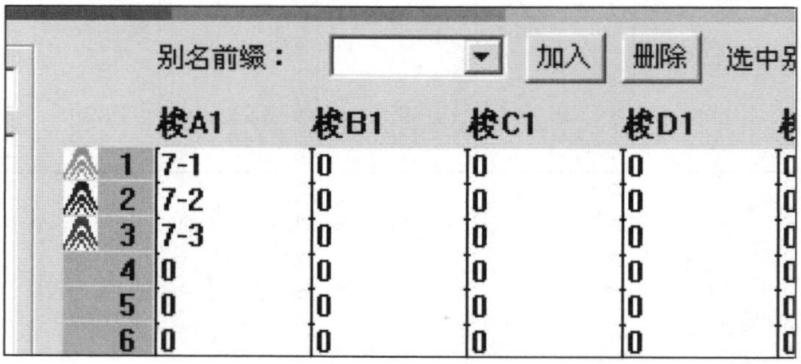

图7-6　组织表

（7）建纹板样卡

根据图7-4的形式制备纹板样卡，命名后存入纹织 CAD，以方便以后调用。如果电脑中已有该样卡，则省略此步骤。

（8）填辅助组织表

建立样卡后，在纹织 CAD 系统中打开样卡文件，点击"辅助针"功能，设置辅助针表。本例主要设置边针组织。

（9）生成纹板

进纹织 CAD 系统的"生成纹板"功能，点击"生成纹板"，系统即自动形成纹板。

（10）纹板检查

根据纹板（WB）文件进行冲孔前，应先检查纹板。

四、项目实施的训练——经二重提花窗帘织物的设计

1. 织物的规格设计

进行市场调研并搜集有关经二重装饰纹织物的布样,然后在此基础上设计一中厚型的大提花窗帘织物,形成规格表7-2。

表7-2 提花窗帘织物规格表(需填写)

品名	经二重提花窗帘织物的设计	
坯布规格	外幅: 内幅: 经密: 纬密: 基本组织:地部为斜纹 花部组织:	
上机规格	筘外幅: 筘内幅: 筘号: 每筘齿穿入数: 全幅织的花数: 总经纱数: 经组合: 纬组合:	

2. 纹样设计

①确定花样题材和风格特点。
②确定纹样的布局。
③设计完全花样的花幅和长度。
④确定经纬纱密度。
⑤用手工或采用纹织CAD描制纹样图。

3. 组织设计

①地部组织:表组织、背衬组织及表、里组织合成的经二重组织。
②花部组织:表组织、背衬组织及表、里组织合成的经二重组织。
注意表里组织点的配合和接结点的隐藏。
③边组织。
④画出花组织图、地组织图和边组织图。

4. 装造工艺设计

填写并形成装造工艺单(表7-3)。

表7-3　提花窗帘织物的装造工艺单(需填写)

装造工艺	正反织		
	装造类型		
	所需纹针数		
	通丝把数		
	每把通丝数		
	目　板	行列	
		穿法	
	穿　综	内经	
		边经	
	穿　筘	内经	
		边经	
	筘　号		
	筘　幅(cm)		

5. 纹板样卡设计

采用纹织 CAD 绘制纹板样卡图。

6. 意匠设计

采用纹织 CAD 进行以下工作:

①织物小样参数输入。

②意匠勾边、设色、设置组织。

③投梭。

④填组织表。

⑤选择纹板样卡和辅助针表设计。

⑥生成纹板和检查纹板。

⑦进行织物效果模拟。

思考与练习:

1. 重经纹织物有什么特点?

2. 重经纹织物的组织结构有哪些类型? 各有什么特点?

3. 重经纹织物的装造和意匠有什么特点?

4. 设计一个经二重纹织物产品,试设计该产品的装造和意匠工艺。

第八章　纹织设计项目4——双层纹织物设计

项目介绍:双层纹织物由两组经纱与两组纬纱交织而成,织物通过表、里组织交换的方式使织物表面的色彩和层次多样化,具有很强的装饰效果。本项目以高泡双层装饰纹织物的设计为驱动,并通过对传统的多色经多色纬提花沙发织物的分析,使学生能够认识双层或多层纹织物的特点和设计特点,熟悉双层或多层纹织物的设计过程,而且能够进行双层或多层纹织物的组织设计、意匠设计和装造工艺设计。

项目任务:完成多色经多色纬的提花沙发布的分析和设计。

知识目标:熟练掌握双层纹织物的生产特点和设计过程。

能力目标:能够把所学的有关纹织的知识运用到多层纹织物的设计中,会对多层纹织物特别是传统的多色经多色纬的提花沙发布进行分析。

素质目标:模仿和创新。

一、项目实施流程

①品种规格设计:形成产品规格表。

②纹样设计:形成纹样设计任务,确定纹样的大小、全幅花数和纹样的结构。

③组织分析与设计:针对双层织物的结构特点,设计织物地部、花部的表、里组织,并能经过合成和变化,形成织物地部、花部的双层(或多层)组织图。

④装造工艺设计:形成装造工艺单,并对装造工艺进行计算。

⑤意匠设计:形成意匠图和纹板文件。

二、项目实施的知识要点

1. 双层(或多层)纹织物特点

双层(或多层)纹织物是由两组及以上的经纱分别与两组及以上的纬纱交织而成的,在织物结构上可以分成表、里两个或多个层面。织物表面效果由表经和表纬交织而成,里经和里纬则交织成织物的里层,也就是织物的反面效果。

在设计上,常常通过变化表、里经纬纱的组合方式及表、里层经纬纱的浮长和织物表、里层的接结方法来形成各种混色织纹效果。

在组织结构上,由于是双层(或多层)组织结构,经纬纱的交织方法复杂,所以产品设计的难度较大。在高档提花装饰织物中,双层结构的设计常采用表里换层和表里自身接结的方式,结构较紧密,但组织种类不多,主要以各种经纬纱依次组合来形成织物的表面效果,因此,织物的经纬纱组数越多,织物的表面效果越丰富。

2. 双层(或多层)纹织物设计要点

与重经或重纬纹织物相比,双层(或多层)纹织物增加了纱线的组数,因此经纬纱的原料和配色的选择余地增加。如多色经多色纬提花装饰布的经纱可有绿、红、白、黄等多组,纬纱有黑、白、绿等多组,再利用不同的组织搭配,就可以表现出各种色彩,从而使此类装饰布的颜色极为丰富,能够将彩色像景、油画、装饰画等的复杂色彩表现出来。

利用双层(或多层)组织本身的特点,能设计出具有特殊效果的提花织物,例如:

(1)空心袋结构双层纹织物

采用两组经纱和两组纬纱,以一定比例分别形成织物的表里两层,且上下层分离,而形成空心袋结构。空心袋结构往往可以获得高花、凹凸等效应。

(2)表里换层双层纹织物

通过表、里经纬纱沿纹样轮廓换层,以变换表层色彩或原料;当表里组织无接结时也可用表里换层的方法实现连接,使织物表面变化丰富。

(3)自身接结双层纹织物和双层附加线纹织物

双层纹织物可以用自身的经纬纱实现表里层的连接,而有些双层纹织物的结构增加了一组经纱或纬纱,以达到连接上下两层或起到填芯的作用,并增加织物厚度和凹凸花纹的效果。

双层纹织物的纹样设计以平面装饰图案为主,常用的题材有花草、动物的变形图案和抽象的几何纹理图案。织物经纬密大则织纹精致,经纬密小则织纹粗犷。

3. 双层(或多层)纹织物装造与意匠特点

双层(或多层)纹织物的装造基本上和重经纹织物相同。传统提花机上一般采用前后造上机,意匠图上一纵格代表前后造重叠的经纱根数;电子提花机上一般采用普通装造,特殊情况下也用多造织制。双层(或多层)纹织物的纬向处理同重纬织物,意匠图上一横格代表重叠的纬纱根数。

双层(或多层)纹织物的经向有两组及以上的经纱,上机装造和整经、穿结经工艺较复杂。另外,纬向也有两组及以上的纬纱,这增加了纬纱的上机准备工作量和复杂性;加上织物纬密较大,降低了产品的生产效率。

三、项目实施的实例——高泡双层提花装饰织物设计

双层的提花织物,由于采用两个系统的经纱和两个系统的纬纱按照花纹要求重叠,如再配置适当工艺,织物表面呈现出更加丰富多彩的花型,装饰效果很强。这种织物广泛用于沙发面料、床罩和窗帘。下面介绍一种高泡双层提花装饰织物的设计过程:

1. 产品规格设计(表8-1)

表8-1 产品规格表

坯布规格	上机规格
外幅:145 cm 内幅:144 cm 经密:680 根/10 cm 纬密:456 根/10 cm 全幅:8 花 一花长度:17.5 cm 一花宽度:18 cm	钢筘内幅:168 cm 总经根数:9 792 根 内经纱数:9 728 根 其中甲经:4 864 根 　　乙经:4 864 根 边纱:64 根 筘号:290 齿/10 cm(每筘齿2穿入) 提花机型号和规格:CX880,1 408 针

2. 原料选用

(1)经纱

一组经纱(甲经)采用 83 dtex 有光强捻纱,捻度为 28 捻/cm;另外一组经纱(乙经)采用 83 dtex 涤纶低弹丝弱捻纱,捻度为 6 捻/cm。甲经:乙经=1:1。

(2)纬纱

一组纬纱(甲纬)采用 133 dtex 黏胶有光人造丝;另一组纬纱(乙纬)采用 83 dtex 涤纶低弹丝,捻度为 28 捻/cm。甲纬:乙纬=1:1。

3. 纹样设计

为了达到高花和顺纤的良好效果,纹样布局以清地、半清地为宜,花部的块面不宜过大,花纹形态尽量凸出饱满,有层次感。纹样见图 8-1。

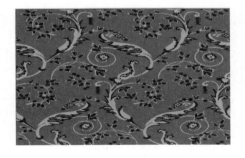

图 8-1　纹样

$$每花的宽度 = \frac{内幅}{花数} = \frac{144}{8} = 18(cm),长度定为 17.5 cm。$$

4. 组织设计

织物的地部组织和花部组织均采用平纹组织作为表、里组织,并进行表里交换而形成双层组织(空心袋组织)。如图 8-2 所示,其中(a)为地部组织,(b)和(c)分别是两种花部组织。边组织为 $\frac{2}{2}$ 经重平。

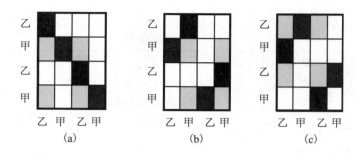

图 8-2 双层组织图

5. 装造工艺设计

（1）纹针数计算

双层纹织物有两组经纱,在电子提花机上可不用双造,采用单造单把吊。

$$总纹针数 = \frac{内经纱数}{花数} = \frac{9\,728}{8} = 1\,216(针)$$

边针为 8 针。

（2）通丝数计算和通丝穿目板

每把通丝数 = 花数 = 8（根）

通丝把数 = 纹针数 = 1 216（把）

总通丝数 = 9 728（根）

所用目板的穿幅 = 筘内幅+2 = 168+2 = 170（cm）

所用目板列数 = 提花机本身所具有的纹针列数 = 16（列）

$$所用目板总行数 = \frac{内经纱数}{选用列数} = \frac{9\,728}{16} = 608(行)$$

$$每花实穿行数 = \frac{目板所用总行数}{花数} = \frac{608}{8} = 76(行)$$

$$所用目板行密 = \frac{目板所用总行数}{目板穿幅} = \frac{608}{170} = 3.6(行/cm)$$

目板分 8 个花区,每个花区内,通丝穿目板均采用横向一顺穿,从目板的左后角穿到右前角。

（3）穿经、穿筘

因甲经为强捻纱,乙经为弱捻纱,且甲乙经纱排列比为 1:1,则甲经穿前造综丝（前区）,乙经穿后造（区）综丝,每综 1 根,按前 1、后 1 的顺序穿综。

穿筘:每筘齿穿入 2 根,按甲 1 乙 1 的顺序穿入一个筘齿。

边经穿法:边组织为 $\frac{2}{2}$ 经重平,每 2 根穿一综,每 2 综穿一筘。

6. 意匠设计

（1）规格参数输入

表经经密 = 34（根/cm）

表纬纬密＝22.8(根/cm)

意匠纵格数＝一造纹针数＝608(格)

意匠图上一纵格代表甲、乙2根经纱。

$$意匠横格数＝纹样长×纬密/重纬数＝\frac{17.5×45.6}{2}＝399(格)$$

修正为400格,意匠图上一横格代表甲、乙2根纬纱。

将以上数据输入纹织CAD系统的"意匠设置"对话框,见图8-3。

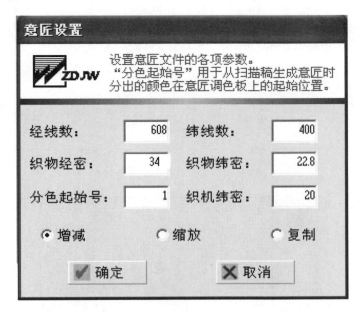

图8-3　意匠设置对话框

(2)意匠设色与勾边

该织物有三种组织,因此意匠图设三种颜色,例如1#色表示地部组织,2#、3#色分别表示两种花组织;并对意匠图进行接回头、去杂、勾边等处理,在意匠图不展开时,可采用自由勾边。

(3)重设意匠

对于双层纹织物,当意匠图设色、勾边和意匠修改完成后,最好将意匠图沿纵向、横向进行扩展,以方便纹板文件的形成。该织物两个系统的经纱与纬纱的排列比均为1:1,所以通过重设意匠参数,将意匠图的纵向和横向一扩二。即将小样参数中的经密改为68根/cm,纬密改为45.6根/cm,经纱数改为1 216根,纬纱数改为800根。然后将原意匠图进行缩放(图8-4为重设意匠参数对话框),此时每一纵格只表示1根经纱,每一横格只表示1根纬纱。重设意匠后保存意匠。图8-5为扩展后的意匠图(局部)。

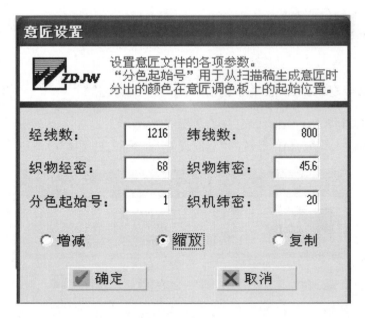

图8-4　重设意匠参数对话框

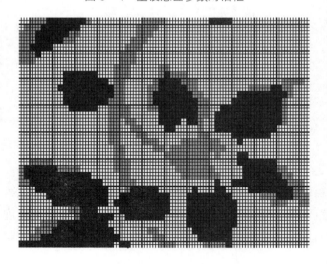

图8-5　意匠扩展后的意匠图(局部)

（4）生成投梭

按照纬二重织物的意匠图扩展的形式进行投梭，投两梭。

（5）组织与组织表设置

该织物有三种组织，见图8-2。为了将这三种组织存入纹织 CAD 的组织库，需对组织命名。例如图8-2中，地部组织(a)命名为"8-1"，花部组织(b)命名为"8-2"，花部组织(c)命名为"8-3"。完成后存入组织库。

再根据意匠图上的颜色所代表的组织和组织代号(组织名)，可以进行组织表设置，见图8-6。组织表设置好以后，再把它存入意匠。

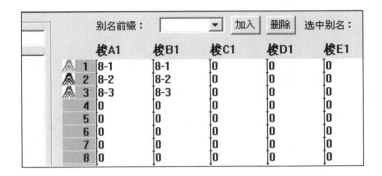

图8-6　组织表设置

（6）纹板样卡设计

CX880型1 408针电子提花机的纹针共有16列、88行,需用纹针1 216针;边针用8针,在纹板样卡上前后平均分布（每个边针吊8根通丝）;梭箱针用4针。具体的纹板样卡可利用纹织CAD进行设计,见图8-7。

图8-7　1 216针的纹板样卡

（7）设辅助针表

样卡建立后,在纹织CAD系统中打开样卡文件,点击"辅助针"功能,设置辅助针表,本例主要设置边针组织、梭箱针组织。

（8）生成纹板

进入纹织CAD系统的"生成纹板"功能,点击"生成纹板",系统自动形成纹板文件。

（9）纹板检查

根据纹板（WB）文件进行冲孔前,应检查纹板。

阅读材料 ➤➤➤ ·····························

传统四色经三色纬的提花沙发布组织设计

四色经三色纬的提花沙发布是色织提花沙发布的传统特色品种之一,其组织结构独特,织物厚实,色彩变化特别丰富,纹样层次分明,装饰感强。

1. 经纬的原料与排列

（1）经纱

经纱原料一般用棉、涤纶网络丝等,经纱有四种颜色且粗细相同,排列比为绿∶红∶白∶黄

=1:1:1:1。

（2）纬纱

纬纱原料一般用棉纱、涤纶丝等，纬纱有三种颜色，排列比为黑:白:绿＝1:1:1;其中黑、白两组纬纱比较粗,而绿色纬纱较细,通常称其为"细纬"或"压纬"。

2. 组织结构设计

四色经三色纬的提花沙发布织物通过经纱、纬纱的表里变换,可以形成多种组织,使得织物表面的色彩变化极其丰富。这些不同组织在构成时有一定的规律,其基本结构常用的只有六种。

（1）六大基本组织结构

①"长"结构:在6根纬纱组成的循环中,经纱连续浮在5根纬纱之上(有连续的5个经组织点),只与细纬交织一次,其经浮长最长,故称为长结构。

在6根纬纱循环中,有2根细纬,故"长"结构有两种可能,任选一种都将在织物表面显示花部的主色。如图8-8(a)所示。

②"短"结构:在6根纬纱组成的循环中,经纱在黑纬、白纬之上,细纬之下,经浮长较短,故称为"短"结构。它只有一种可能,如图8-8(b)所示。

③"中"结构:在6根纬纱组成的循环中,经纱连续浮在3根纬纱之上,其经浮长介于"长""短"结构之间,相邻两经纱呈经重平配置,称"中"结构。"中"结构有三种可能,如图8-8(c)所示。

④"压"结构:在6根纬纱组成的循环中,经纱压在细纬之上。此外,经纱还可能浮在黑纬或白纬之上,如图8-8(d)所示,共有五种可能。"压"结构除在织物表面显纬色外,还起到接结表、里组织的作用。

⑤"加"结构:在6根纬纱组成的循环中,原来位于下层或中间(均在细纬之下)的经纱,因工艺要求需要浮到表层的纬纱之上时,增加一经组织点使其显现在织物表面,称之为"加"结构。其所加的经组织点可加在黑、白纬上,也可加在细纬上。但加点后,整个织物结构性质不变,纱线仍在下层或中间,如图8-8(e)所示。

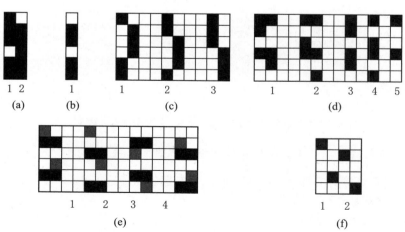

图8-8　六大基本组织结构

⑥背衬平纹：在6根纬纱组成的循环中，经纱与黑纬或白纬在织物背面衬作平纹组织，均在细纬之下，有两种可能，如图8-8(f)所示。

上述六种基本组织结构，只根据经、纬纱的不同交织规律来区分，没有考虑经、纬纱的色彩。如果考虑纱线颜色，则配合更加丰富。

3.组织设计举例

沙发布典型组织结构的意匠展开图如图8-9所示。其纵行代表经纱，排列顺序为黄、白、红、绿；横行代表纬纱，排列顺序为黑、白、绿(细)。

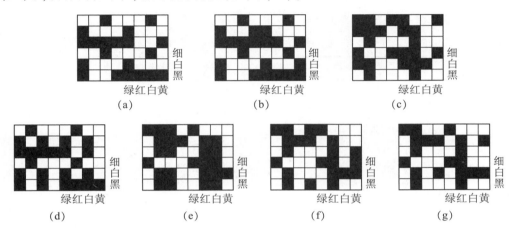

图8-9　组织设计示例

图中：

(a)组织：白经为"压"结构，绿经为"短"结构。黄经在中间，表面不显露，红经与黑纬形成背衬平纹沉于织物背面，白、绿(细)纬上经组织点较少，故织物表面可显现白、绿纬色彩，因绿纬为细纬，因此地组织表面呈现浅绿色。

(b)组织：它与(a)组织相似，为白"压"、绿"短"、黄"加"结构，即黄经在白纬上加一个平纹组织，织物呈带鹅黄的绿色。

(c)组织：为绿"压"、红"长"结构。白经、白纬形成背衬平纹沉在织物最下层，黄经在中间，红经和黑纬在织物表面显露最多。绿经"压"结构的经浮点虽然不少，但"压"结构与"长"结构配合时，其经浮点被"长"结构的经浮点盖住，很少在织物表面显露，因此(c)组织使织物表面显深红色。

(d)组织：为白、绿经"短"结构。黄经与黑纬交织形成背衬平纹，红经为"压"结构，由于"短"结构盖不住细纬，故织物表面为浅绿色，细看则有短小的红经浮点。

(e)组织：为白、红经"长"混色结构。黄经、白纬成背衬平纹在织物最下层，绿经浮在压纬上，因有白、红经"长"结构遮盖，它只起接结表、里组织的作用。

(f)组织：为黄"中"、红"长"结构。织物表面由红、黄经纱显色，红主黄次。应该说明的是，"中"结构在6纬循环中只有3个经浮点，而"短"结构在6纬循环中有4个经浮点，因为"短"结构中的4个经浮点是二、二断续的，而"中"结构中的3个经浮点是连续的，因此"中"结构在表面的显色程度比"短"结构大。"中"结构通常与"长"结构配合使用。

（g）组织：为红"长"、绿"压"结构。白经、白纬形成背衬平纹沉在织物背面，黄经在中间，织物表面不显露，绿经在细纬之上，黑纬上经组织点较少，主要显色为红经、黑纬，细看则有绿经、绿纬的细小浮点。

四、项目实施的训练——提花沙发布设计

1. 织物的规格设计

进行市场调研，搜集有关提花沙发布织物的布样，并分析织物的原料、组织结构、经纬密度、花形特点等。在此基础上设计厚型的提花沙发布，形成规格表8-2。

表8-2　提花沙发布织物规格表（要填写）

品名	提花沙发布的设计	
坯布规格	外幅：	内幅：
	经密：	纬密：
	基本组织：地部为斜纹	花部组织：
上机规格	筘外幅：	筘内幅：
	筘号：	每筘齿穿入数：
	全幅花数：	
	总经纱数：	
	经组合：	
	纬组合：	

2. 纹样设计
①花样的题材和风格特点。
②纹样的布局。
③完全花样的花幅和长度。
④单位厘米内的经纱纹针数和纬纱数。
⑤用手工或采用纹织CAD描制纹样图。

3. 组织设计
①地部组织：表组织、背衬组织及表、里组织合成的双层组织。
②花部组织：表组织、背衬组织及表、里组织合成的双层组织。
注意：表、里组织点的配合和接结点的隐藏。
③边组织。
④画出花组织图、地组织图和边组织图。

4. 装造工艺设计
填写并形成装造工艺单（表8-3）。

5. 纹板样卡设计
采用纹织CAD绘制纹板样卡图。

6. 意匠设计

采用纹织 CAD 进行以下工作：

①织物小样参数输入。

②意匠勾边、设色、设置组织。

③投梭。

④填组织表。

⑤选择纹板样卡和辅助针表设计。

⑥生成纹板和检查纹板。

⑦进行织物效果模拟。

表 8-3　提花沙发布织物的装造工艺单（需填写）

装造工艺	正反织		
	装造类型		
	所需纹针数		
	通丝把数		
	每把通丝数		
	目　板	行列	
		穿法	
	穿　综	内经	
		边经	
	穿　筘	内经	
		边经	
	筘　号		
	筘　幅(cm)		

思考与练习：

1. 双层纹织物有什么特点？

2. 双层纹织物的组织结构有哪些类型？各有什么特点？

3. 双层纹织物的装造和意匠有什么特点？

4. 设计一双层纹织物产品，采取双造单把吊的装造，试设计该产品的装造和意匠工艺。

5. 利用纹织 CAD 的工艺功能进行单层、双层、提花沙发布的纹板文件制作。

第九章　纹织设计项目5——大提花毛巾织物设计

　　项目介绍:毛巾织物是由两组经纱和一组纬纱交织而成的,其中毛经纱和纬纱交织形成毛圈,提花毛巾织物通过毛圈的分布来形成花纹图案,织物表面图案具有很强的立体感。本项目以普通的提花毛巾织物设计为驱动,通过对提花缎档毛巾织物设计的训练,使学生能够认识提花毛巾织物的特点和设计特点,熟悉提花毛巾织物的设计过程,并能够进行提花毛巾织物的组织和纹样设计、意匠设计、装造工艺设计。

　　项目任务:完成提花缎档毛巾织物设计。

　　知识目标:熟练掌握提花毛巾织物的特点、组织结构和生产特点。

　　能力目标:能够把所学的有关纹织的知识运用到提花毛巾织物的设计中。

一、毛巾织物的特点

　　毛巾织物具有良好的吸湿性、保暖性和柔软性,是人们日常生活中的必需品,以满足人们擦、铺、盖的实用性和装饰性的需要。

　　毛巾织物是由两组经纱和一组纬纱交织而成的,其中毛经和纬纱交织成毛圈组织,地经与纬纱交织成地组织,通过织机特殊的长短打纬装置即可织造完整的毛巾织物。毛巾织物的原料以棉纱为主,有纯棉毛巾、真丝毛巾、化纤毛巾、混纺毛巾等品种。

　　宾馆、酒店用毛巾主要以棉纤维纺成的上等一级纱线织制,其优点有吸水性能好、手感柔软、立体感强等。常用纱线有 21^S、16^S 单纱和 $21^S/2$、$32^S/2$、$40^S/2$ 双股线等(一般螺旋产品采用 16^S 单纱织制)。

　　提花毛巾的花纹图案简洁大方,具有较强的立体感,它的花型和色彩主要由毛经纱所起的组织及色经的交替来体现。

　　提花毛巾的种类很多,常见的有面巾、餐巾、枕巾、浴巾、毛巾被、地巾等,还有一些经过特殊后处理的提花毛巾,如碱缩毛巾(用冷浓烧碱溶液浸渍,使毛巾骤缩,可改善毛巾的吸水性和上染性;也可使较高的毛圈呈螺旋状,达到手感丰满、外观独特的效果)、丝光毛巾(用丝光纱做毛经或地经)、绒面毛巾(割去毛圈顶部,使毛巾有绒毛感)。

　　现在,毛巾产品的生产工艺及加工方法日趋先进和多样化,除提花毛巾外,还有印花、高矮毛圈、绣花、贴花、双层等风格各异的产品。

二、毛巾织物的组织

1. 毛巾织物的基本组织

毛巾织物中地经与毛经的排列之比一般为1:1,也有1:2和2:2等。地经与毛经的基本组织常为平纹变化组织。

毛巾织物中每个毛圈都是由若干纬纱通过长短打纬形成的,其中最常见的是每三纬起一个毛圈(称三纬一碰),为三纬毛巾,其他还有每四纬起一个毛圈的四纬毛巾等。

(1)三纬毛巾的基本组织

①组织结构:分地经组织结构和毛经组织结构。

由地经与纬纱交织的地经组织结构,只有一种,见图9-1(a)。毛经与纬纱交织的毛经组织结构有两种:正面起毛圈结构和反面起毛圈结构。正面起毛圈结构见图9-1(b),反面起毛圈结构见图9-1(c)。

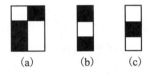

图9-1 三纬毛巾的组织结构

②基本组织实例:通过地经与毛经的不同排列及上述三种组织结构的不同组合,可以形成许多种毛巾组织,如图9-2所示。

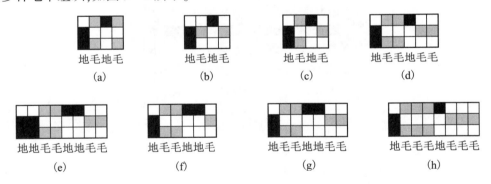

图9-2 三纬毛巾基本组织实例

图9-2中:(a)为单单经单单毛正面起毛的毛巾组织;(b)为单单经单单毛反面起毛的毛巾组织;(c)为单单经单单毛双面起毛的毛巾组织;(d)为单单经双双毛双面起毛的毛巾组织;(e)为双双经双双毛双面起毛的毛巾组织;(f)为单双经单双毛双面起毛的毛巾组织(正面毛圈数比反面毛圈数多一倍);(g)为单双经双双毛双面起毛的毛巾组织;(h)为单单经三三毛双面起毛的毛巾组织。

(2)四纬、五纬毛巾的基本组织

图9-3为单单经单单毛双面起毛的四纬毛巾组织图,其中:第1、2、3纬为短打纬,第4纬为长打纬。图9-4为单单经单单毛双面起毛的四纬毛巾组织图,其中:第1、2纬为短打

纬,第3、4纬为长打纬。图9-5为单单经单单毛双面起毛的五纬毛巾组织图,其中:第1、2、3纬为短打纬,第4、5纬为长打纬。

地毛地毛

图9-3 四纬毛巾组织1

地毛 地毛

图9-4 四纬毛巾组织2

地毛地毛

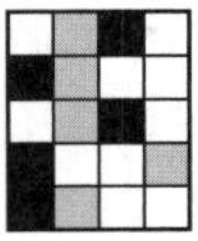

图9-5 五纬毛巾组织

2. 提花毛巾缎档组织

为了提高产品的档次和增加装饰效果,在毛巾织物经向的局部位置设置具有缎纹光泽效果的横条,这一部分便称为缎档,有缎档的毛巾称为缎档毛巾。毛巾的缎档部分常用的纱线有棉纱、具有闪光效果的黏胶长丝、丝光纱线及涤纶长丝等。缎档部分的常用组织有纬二重组织(图9-6)、$\frac{1}{5}$ 和 $\frac{2}{6}$ 的平纹变化组织,以及纬面加强斜纹、角度斜纹等斜纹变化组织。

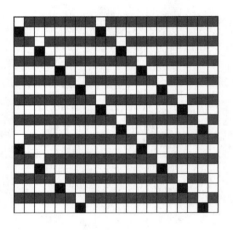

图9-6 缎档组织

3. 双层毛巾组织

毛巾织物的毛圈仅靠地组织夹持固结,所以在外力作用下容易产生抽毛弊病。双层毛巾的特点是其表层为起毛圈的毛巾组织织物,里层为平纹组织的平布,这两层可以固结在一起,因此可减少抽毛的概率,使产品更具有保暖性、耐用性。图9-7中,(a)为双层毛巾的表组织,(b)为双层毛巾的里组织,(c)为双层毛巾的表里组织合成的双层组织。

地毛地毛

里纬
里纬
表纬
表纬

里 里
经 经

里地毛里地毛
经 经 经经经经

图9-7 双层毛巾组织

4. 毛巾边组织

毛巾的边组织要具有防止经纱脱落、美化织物等作用,要求具有质地坚牢、外观匀整、不卷边等特点。毛巾边组织以经重平为主。平布及正身部分的边组织主要有$\frac{3}{3}$经重平、$\frac{2}{2}$经重平等组织,缎档部分的边组织主要有$\frac{4}{4}$经重平、$\frac{6}{6}$经重平、$\frac{9}{9}$经重平等。

三、毛巾织物的生产特点

1. 提花毛巾的特殊送经和打纬装置

提花毛巾的毛经和地经分别卷绕在上、下两个经轴上,其中毛经织轴在上,地经织轴在下。两个经轴根据纬密和毛圈高度决定送经量,其中:毛经的送经量大,送经张力小;地经的送经量小,送经张力大。地经与毛经的送出量之比称为毛长倍数,毛长倍数决定了毛圈的高度。为了形成毛圈,除了合理的组织设计及特殊的送经装置外,还要有能够实现长短打纬的特殊打纬机构,织机主要通过控制筘座动程的大小来实现长短打纬。长短打纬的距离对毛圈的高度也会产生很大的影响,织口和新投入纬纱之间的距离越大,毛圈越高。

另外,由于地经在毛巾正身与平布部分的组织一般是不变的,所以纹针数不够用时,可以将地经穿入两片综框,由踏盘来控制地经的升降运动。

2. 提花毛巾的穿综、穿筘

(1)穿综

由于毛经与地经的张力不同,所以为了保证织造时梭口清晰,一般采取毛经、地经分区穿综法,毛经在前区,地经在后区。每个综眼内穿入的经纱根数等于毛经和地经的排列根数。例如:毛经:地经为1:1,则毛经每综1根,地经每综1根;毛经:地经为2:1,则毛经每综2根,地经每综1根;毛经:地经为2:2,则毛经每综2根,地经每综2根;以此类推。穿综方法一般采用分区顺穿法(毛经与地经分别逐一穿入前区和后区)和顺穿法(全幅经纱依次穿入综丝眼);当纹针数不够用时,也可以采用对称穿法或多把吊形式织造。

(2)穿筘

以毛经、地经的排列根数之和穿入同一筘齿。如毛经:地经=1:1,则采取2穿入;毛经:地经为2:1,则采取3穿入。吊综时由于地经张力大,升降时容易挂带松弛的毛经,所以毛经的位置应偏高。

对宽幅毛巾最好采用翻筘穿法。因为按一般的地、毛穿筘法,筘幅一侧地经在外侧,筘幅另一侧毛经在外侧,如果张力大的地经在外侧,势必挤压松弛的毛经靠向筘齿,使毛经运动不自由,应提起的毛经可能不提起,不应提起时又被地经夹起,因此这一侧的毛巾质量难以保证。如果采用翻筘穿法,这一侧毛巾质量将大为改善。见图9-8。

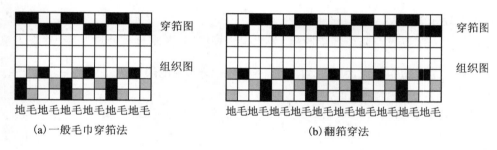

地毛 地毛 地毛 地毛 地毛 地毛　　　　地毛 地毛 地毛 地毛 地毛 地毛 地毛 地毛 地毛
(a)一般毛巾穿筘法　　　　　　　　　　(b)翻筘穿法

图 9-8　两种穿筘方法的比较

四、提花毛巾的纹样和意匠

提花毛巾的纹样主要通过三种方式来实现：①起毛圈和不起毛圈的部分构成凹凸花纹图案(素色凹凸毛巾)；②不同色彩的毛经起毛圈而构成双色及多色毛巾花纹图案；③凹凸毛圈图案花纹和不同色彩的毛圈图案联合构成的花纹图案。

提花毛巾的纹样常常以动物、花卉、卡通人物及文字等为主，纹样布局以连续图案和独花图案为主，再配以对称花型、自由花型及混合花型等多种形式。

对于传统的提花毛巾来说，毛经是由提花纹针控制的，而地经是由踏盘控制的，所以毛巾织物的意匠图仅仅是毛经的意匠图；但当采用大提花龙头或电子提花龙头织造时，毛经和地经都是由提花纹针控制的，即最终的意匠图既包括毛经也包括地经的意匠图。

五、提花毛巾的装造工艺

提花毛巾织物一般以采用双面起圈毛巾组织为主。为保证机上织物花纹与纹样一致，采用传统的装造工艺时，经纱为从右向左的顺序排列(与传统意匠图的纵格排列次序一致)，并采用正面朝上织制。

采用传统的机械式提花装置织制普通毛巾时，一般采用单造单把吊或单造多把吊的装造类型来控制毛经，地经则由两片综框控制，放在机后。当织制缎档毛巾时，因缎档部分的纬纱需与地经接结(常用组织为4枚斜纹、5枚缎纹等)，所以毛经、地经均由纹针控制，装造类型必须为前后造。

在采用大龙头提花装置或电子提花装置织制毛巾织物时，毛、地经均由纹针控制。由于毛、地经所需的梭口高度和上机张力不同(毛经开口高度应略高于地经)，装造类型采用前后造。当采用前后造的装造类型时，提花机上的纹针和目板分成各自相互对应的前后两个区域，毛经由前区纹针控制，地经由后区纹针控制，毛、地经的综丝按1:1的间隔排列。

提花毛巾在织造时一般以直织为主，有时为充分利用织机幅宽，也可采用横织。其目板穿法根据不同的装造类型、提花机规格、织物和花型大小，以及各地区装造习惯不同，可分为一顺穿、分造穿、对称穿等。

一般普通毛巾织物可采用一顺穿或分段飞穿，装造选用单把吊。对于独幅大型纹样如毛巾被、毛巾毯等织物在纹针数不够的情况下，可采用对称穿或多把吊形式织制。缎档和缎边织物及毛、地经均由纹针控制而采用分造穿法的目板,应先穿后造再穿前造。

电子提花机一般都分前后造,前、后区之间的间距小于 4 cm。目板上的通丝穿向是从机后沿横向从左向右逐列穿向机前。

阅读材料 ≫≫ ··

浮雕提花割绒毛巾

浮雕提花割绒毛巾的地部为柔软细密的割绒绒面,花部为由毛圈形成的凸起于绒面之上的立体花纹。浮雕提花割绒毛巾花纹的毛经纱由两种不同的纱线组成,凹陷的绒面花纹正面起毛的毛经纱和地经纱一样,为普通毛巾用纱线,而构成相对凸起花纹的正面毛圈纱为特殊的无捻纱。无捻纱由普通纱线和水溶性纤维共同组成。利用无捻纱中水溶性纤维在不同温度下收缩与溶解于水的特性,通过双面起毛组织与纹样的配合织成的双色提花毛巾,经过特殊缩绒处理,因无捻纱构成的毛圈收缩而形成工艺性凹凸立体花纹;高凸的普通纱毛圈经割绒而降低了一定的高度,再经水溶处理使无捻纱毛圈中的水溶性纤维溶解于水,使这部分毛圈伸展,捻度退解,从而形成了毛巾表面一部分花纹毛圈被割绒处理而凹陷,另一部分未经割绒的毛圈凸出于割绒绒面,形成浮雕效果的立体凹凸花纹。

产品设计和生产过程中,充分利用了水溶性纤维的特性,选用无捻纱作为一种毛经纱,凸起花纹处的正面毛圈即是由这种无捻纱构成的。水溶性纤维中较有代表性的为水溶性聚乙烯醇纤维。水溶性聚乙烯醇纤维,即水溶性维纶,易溶于水,无味无毒,水溶液无色透明,在较短时间内能自然生物降解,对环境不产生污染。

采用单纱和水溶性纤维按常规并股捻线的方法制成股线,股线捻向与单纱捻向相反,捻度与单纱接近,则水溶解后单纱捻度退解而形成无捻纱。另一方面,由于有水溶性纤维参与纱线的并捻,也解决了为提高织物柔软性和吸水性而降低纱线捻度造成的织造断头率高的问题。

项目活动 ≫≫ ··

缎档提花毛巾分析与设计

(1)利用毛巾生产企业和纺织品市场搜集缎档提花毛巾的布样和生产工艺。

(2)对搜集到的缎档提花毛巾布样进行织物分析,分析和确定织物的经纬纱原料、密度和组织,特别要分析织物的缎档组织特点。在此基础上,设计缎档提花毛巾的纹样和织物基础组织、缎档组织和边组织。

(3)根据以上的搜集资料和分析数据,利用企业的工艺单,制作缎档提花毛巾的规格表,并进行织造工艺计算。

（4）根据缎档提花毛巾的规格表和企业实际使用的提花毛巾织机：

①确定装造类型，计算纹针数，设计纹板样卡。

②计算通丝把数、每把通丝数，计算目板的穿幅及所用目板孔的列数、行数，确定通丝穿目板的方法，画出通丝穿目板的示意图。

③确定穿综、穿筘的方法。

（5）通过扫描将已经设计好的纹样输入纹织 CAD 系统，利用纹织 CAD 进行意匠编辑，并生成纹板文件。

思考与练习：

1. 毛巾纹织物的装造和意匠有什么特点？

2. 试设计一个单单经双双毛双面起毛的毛巾组织。

3. 试设计一个缎档毛巾的缎档组织。

4. 利用纹织 CAD 的工艺功能进行提花毛巾的纹板文件制作。

主要参考文献

［1］翁越飞. 提花织物的设计与工艺. 北京：中国纺织出版社，2003.

［2］常培荣. 棉毛纹织物设计与工艺. 北京：中国纺织出版社，1996.

［3］丁一芳. 纹织 CAD 应用实例及织物模拟. 上海：东华大学出版社，2007.

［4］张森林. 纹织 CAD 原理与应用. 上海：东华大学出版社，2005.

［5］谢光银. 装饰织物设计与生产. 北京：化学工业出版社，2005.

［6］李志祥. 电子提花技术与产品开发. 北京：中国纺织出版社，2000.

［7］李超杰. 丝织物设计与产品. 上海：东华大学出版社，2006.

［8］顾平. 织物结构与设计学. 上海：东华大学出版社，2006.

［9］浙江丝绸工学院花色品种研究室. 被面纹织设计. 北京：纺织工业出版社，1987.

［10］侯怀德. 装饰纹织物设计与应用. 北京：纺织工业出版社，1989.

［11］李加林. 室内装饰织物. 北京：纺织工业出版社，1991.

［12］陈纯，陈进勇. 纹织 CAD 应用手册. 北京：中国纺织出版社，2001.

［13］严洁英. 织物组织与纹织学. 北京：中国纺织出版社，1998.

［14］沈干. 丝绸产品设计. 北京：纺织工业出版社，1991.

［15］王进岑. 丝织手册. 2 版. 北京：中国纺织出版社，2000.

［16］李志祥. 高速提花机与电子提花技术. 杭州：浙江科学技术出版社，1994.

［17］罗炳金. 棉/竹/涤大提花床罩的设计与试制. 山东纺织科技，2004（3）.

［18］罗炳金. 重纬装饰纹织物的设计. 浙江纺织服装职业技术学院学报，2007（3）.

［19］杜群. 浮雕提花割绒毛巾的设计. 上海纺织科技，2007（1）.